話說絲綢

李建华 主编

柔軟的力量

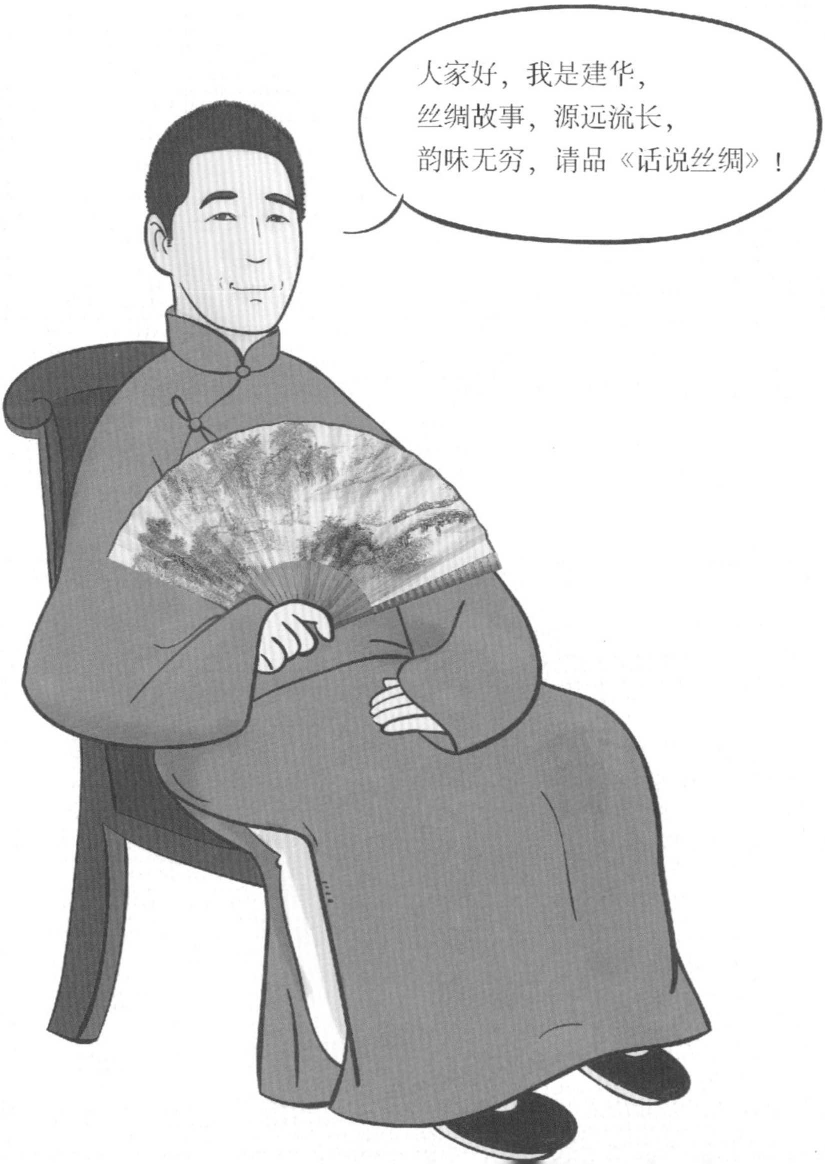
大家好，我是建华，
丝绸故事，源远流长，
韵味无穷，请品《话说丝绸》！

目录/Catalog

一 传奇篇

二 文明篇

三 风雅篇

四 民俗篇

五 名人篇

序

柔软的力量之话说丝绸

那些岁岁年年，默默成长、默默吐丝结茧，直至化蝶而去的蚕宝宝们永远都不会知道，当它们第一次出现在先人的眼前，它会成为一种创造历史的动物。我们智慧的先人们也永远不会知道，他们惊奇、欣喜过后，小心翼翼尝试着将蚕捧回家中驯养的举动，会开启一个民族的文明之门。

丝绸的故事就是在这未知和偶然中展开了它纵贯上下五千年的华美篇章。这些故事中有质朴的传说，有关乎天地人伦、社稷朝纲的文明大义，亦有江山美人、诗词歌赋、爱情姻缘的风雅，也有与万千百姓息息相关的生产生活，更有许多名人轶事。丝绸会令人如此痴迷，不仅仅是因为它无与伦比的外在美，更是因为它有如此多的好故事可以说。

《话说丝绸》一书便是精编了72个丝绸的好故事，这些故事流传甚广且颇具人文情怀与哲理。全书根据故事的内容分为传奇篇、文明篇、风雅篇、民俗篇、名人篇五个篇章。

传奇篇讲的是围绕丝绸的传说。蚕由卵到虫，由虫到茧，破茧成蝶的生命轮回方式，在古人的眼中正是他们梦寐以求的永生。因此他们认为蚕绝非地上俗物，而是从天而降的神灵，由蚕吐丝织成的丝绸当然也是可以通天的灵物。这些看似质朴、稚趣的传说，实则寄托了古人最原始的世界观和美好愿景，也是华夏文明中天人合一精神最早的表现形式。

丝绸与华夏文明的脚步一同前进，文字、货币的出现，朝代的更替，四大发明的创造，祖先探寻世界的步伐，皆有丝绸柔软的力量在推动。此类涉及江山社稷、文明传承的故事则收录在文明篇中。

在大历史车轮滚动扬起的尘埃下，还蕴藏着无数丝绸人的悲欢离合、爱恨情仇，他们或是吟诗作赋的诗人、或是采桑织绸的美人、或是种桑养蚕的百姓、或是各行各业的名人，他们因蚕桑丝绸而升华的个人情怀，使得整个丝绸的故事更加丰富饱满、气韵生动。这些故事则分别收录在了风雅篇、民俗篇、名人篇当中。

因为春蚕的坚持与奉献，因为先人的尝试与勇敢，丝绸开启了悠长的历史之旅，在浩瀚的人类文明中留下自己柔软、独特的印迹。作为丝绸人，我们的坚持奉献、勇敢尝试，也只为在这世上留下一点印迹。期望此次柔软的力量之丝绸文化系列丛书的出版，能成为这样一个印迹。

话说丝绸

传奇篇

丝绸的传说是人类在文字尚未发明的时代，用口耳相传的方式记录的丝绸起源及发展的历史。丝绸传说在传播的过程中，传播者赋予了其对于天地鬼神的敬畏以及内心美好的愿景，因此每一个传说都富有传奇色彩。

002

嫘祖始蚕

嫘祖是中华历史上的重要人物，她的故事史料典籍多有记载，《史记》中说：“黄帝居轩辕之丘，而娶于西陵之女，是为嫘祖。嫘祖为黄帝正妃。”但她的故事，却在民间流传得更早，更广泛。以下就是关于她养蚕缫丝发明丝绸的故事。

相传，有一次嫘祖在一棵桑树下搭灶烧开水，忽然，一只蚕茧从桑树上掉落下来，正好落入烧沸了的锅里。嫘祖怕弄脏了锅里的水，连忙用一根树枝去捞沸水中的蚕茧，谁知蚕茧没捞起，却捞起一根根洁白透明的长丝线，而且越拉越长，她又用一根短树枝将丝线绕了起来，绕成一团。

聪慧的嫘祖看到这个现象，不仅没为浪费一锅开水可惜，反而又惊又喜，她想：如果用这些丝织成布的话，岂不更好？于是，嫘祖又从桑树上摘下一些蚕茧，往沸水里一泡，然后拉出丝来，她用经纬织法，把这些丝横一道竖一道交错着排列开来，果然织出了一块既柔软又洁白光亮的丝绸。

为了织出更多的丝绸，嫘祖又尝试着把蚕养了起来，采来桑叶喂它们，让蚕长大后吐丝作茧，再把它们的茧用来缫丝织绸。黄帝见嫘祖织布很辛苦，就研究她的经纬织法，发明了织布机，这样一来，嫘祖织起绸来又快又好。

接着，嫘祖把这些技艺传给越来越多的人，大家一传十，十传百，越来越多的人掌握了养蚕、缫丝、织绸的技艺。从此，丝绸开始在华夏大地广为流行。

太美了、太神奇了。

“黄”帝由来因丝绸

轩辕黄帝是华夏人文初祖，他播百谷草木，大力发展生产，始制衣冠，建造舟车，发明指南车，定算数，制音律，创医学等，为中华文明做出了不可磨灭的贡献。

至于他为何被称黄帝，正史的说法是：以土德王，土色黄，故称黄帝。但民间却流传着另外一个说法。

相传，西陵公主嫘祖发明了养蚕缫丝织绸，后来她要跟轩辕部落的首领成婚，就想亲手给轩辕氏做件丝绸衣，好让他在成婚大典上穿上。但当时用蚕丝织出的丝绸都是雪白的颜色，嫘祖觉得不喜庆，甚是苦恼。

正在此时，负责晾晒丝绸的婢女前来向她请罪。原来婢女一时大意，忘记收取晾在树下的丝绸，树上的黄果子落到白色丝绸上，将白丝绸染上了黄色。

嫘祖看到染了黄色的丝绸显得非常高贵，就非常欣喜。于是命人采摘黄果，再将黄果捣成黄色的染料，把丝绸染成黄色，亲手给轩辕首领做了件黄色的长袍。

婚礼这天，轩辕氏一袭黄绸衣，迎风而立，阳光照在身上，发出耀眼的光芒，显得非常高贵。蜂拥而来的人民，顿时折服于轩辕氏的威风和高贵。纷纷匍匐在地，向他朝拜。但大家不知怎么称呼他，看到他穿着黄颜色的绸衣，就纷纷称呼他为黄帝。于是，“黄帝”、“黄帝”的喊声，在现场山呼海啸般回荡起来。

从这以后，人们就正式称轩辕氏为黄帝。

爱妃手中线，
轩辕身上衣。

黄帝
黄帝，黄帝。。。
黄帝

蚕神马鸣王

桑蚕文化早先受道教影响，在佛教引进中原后，又与佛教有了千丝万缕的联系。而与两者都有关系的，就是马鸣王菩萨。

丝绸业供奉的祖师爷是轩辕皇帝和嫘祖娘娘。除此以外，还供奉蚕花五圣、蚕花太子、蚕三姑等，但供奉最多、民间流传最广、最受蚕民敬重的，要数蚕花娘娘。

蚕花娘娘还有个名字，叫马鸣王菩萨。这是一位专门在丝绸业服务，保佑蚕农蚕茧丰收的菩萨。

传说，马鸣王菩萨本来是位少女。她与父亲两人相依为命。这年春天，父亲出外经商，二十几天还没回来，少女思念父亲，就开着玩笑，对家里的白马说："白马啊白马，你要是能把我父亲叫回家，我就嫁给你。"哪知白马一听，竟然挣脱缰绳，嘶鸣而去。没两天，果然把少女的父亲接了回来。

父亲回到家中，发现家里的白马一见女儿就嘶鸣跳跃，很是奇怪，就问女儿是怎么回事，少女只得将实情相告。

父亲很生气：牲畜怎能与人相婚配？一怒之下，他一箭射死了白马，将马皮剥了，晾在院子里。少女见白马为自己而死，既伤心又内疚，走到马皮边上，暗自落泪。突然，平地刮起一阵狂风，马皮滑落下来，正好落在少女身上，迅速裹住姑娘。狂风卷着他们出了院子。等少女父亲赶到时，已不见踪影。

第二天，父亲在一片树林中找到了女儿，只见马皮紧紧裹在女儿身上，女儿的头已变成马头的样子，正伏在一棵树上，扭动着身子，嘴里吐出丝来。

后来，人们将化为蚕的少女尊为蚕神，为她立庙塑像，年年祭祀不绝。

我的女儿啊。。。

蚕王天子

蚕在先民心中，一直有着神圣的地位，因为它的生命一直处在不断的轮回中，非常符合先民长生不死、天人合一的愿望。随着这个愿望的代代相传，很多神话故事应运而生。下面这个故事，就在世世代代的蚕民中，流传了千百年。

相传远古时候，蚕像龙一样，是天上的神。后来地上出了个人物，他的坐骑是一头会飞的牛。他听说天上有种龙蚕，会吐丝，丝能织绸做衣服穿。就骑着牛到天上去找。

他在天上看到一棵树边住着一条龙一样的东西，浑身雪白雪白的，头上有一对角，身上有一双翅膀，正昂着头在吐丝。他想，这一定是龙蚕了。跳下牛就去把龙蚕抱了起来。可这龙蚕大得像一根蛮粗的廊柱。他抱着龙蚕上不了牛背，让牛驮着龙蚕吧，自己又没地方坐。于是他叫牛立在蚕背上，自己又跳上牛背，一跺脚，底下的龙蚕展开翅膀就飞。牛和人在它上面，越压越重，它也就越飞越低，慢慢地落到了地上。牛还在细嫩的蚕背上留下好几个黑黑的蹄印，到现在龙蚕的子孙身上还留着牛蹄印子。

龙蚕飞到地上后，又累又饿，这个大人物就摘来许许多多的桑叶喂它，龙蚕吃了七天七夜，蜕了三次皮。再加上地上比天上冷，它冻得角缩进了头里，翅膀缩进了肚皮里，身子也冻得缩小了许多。可还是冷，于是龙蚕就吐丝，把吐出的丝全部绕在自己身上，绕成个圆滚滚的东西，这圆滚滚的东西就是茧，茧能抽丝，抽出的丝可以做衣裳。龙蚕经过这番磨难，最终成为人间百姓钟爱的蚕宝宝。

天下的人感谢这个大人物，就立他做了部落首领，称他为蚕王天子。

引得蚕从天上来，
是为蚕王天子。

农耕文明源于蚕

农耕文明是华夏文明的精华，耕作和桑蚕则是农耕文明的主要形式，牛和蚕，则是最能代表耕作和蚕桑活动的两种动物。充满智慧的先民把牛和蚕结合在一起，创作了很多生动有趣的故事。下面这个故事，就是其中之一。

相传，远古时候，蚕宝宝和牛是对好朋友。那时候蚕宝宝长得很大，身体有大水桶那么粗，还有会飞的本领。蚕靠吃桑叶为生，但牛除了吃其他青草，也经常吃很多桑叶，让蚕很不开心。

有一天，牛对蚕宝宝说，希望能够吃到天上月宫里的仙草。它请求蚕宝宝将他驮到月宫去。蚕宝宝念在朋友的份上，答应了牛的请求。牛四只脚踏在蚕宝宝身上，蚕宝宝运足力气，驮着牛飞呀飞，快飞到月宫的时候，蚕宝宝问牛：“牛大哥，你到月宫吃好仙草后，回去还会吃我的桑叶吗？”牛回答说：“吃还是要吃的，以后少吃点好了。”

蚕宝宝听了牛的话很生气，骂道：“我花了这么大的气力把你驮到月宫来吃仙草，你竟然还要吃我的桑叶。”它骂完，就把身子一缩，缩得只有指头那么大，牛没站立的地方，就摔到地上来了，把门牙全摔光了。以后它吃草的时候，就只能把草囫囵吞下去，过一会再重新吐上来嚼。

蚕宝宝把牛从天上摔下来，自己也觉得不应该，心里难过，身子也瘦下来，瘦得只有一点点大了。但背脊上还留着四个深深的牛蹄印子。

从此，牛子牛孙再也没有门牙，蚕宝宝的后代再也长不大，背脊上却还留着牛蹄印子。

附：繁体的“农”（農）字，上曲下辰，《说文解字》中阐释：“曲，蚕薄也。”原意是盛放蚕的器具，辰是龙，龙的原型就是桑蚕，因此农字的本意就是种桑养蚕。

额滴神啊，你也改减减肥了。

看，俺的杰作。

一幅壮锦现儿心

丝绸承载着世世代代太多的喜怒哀乐，在广西壮族自治区，千百年来流传着这样一个故事，令人感叹不已。

很久以前，大山脚下住着一位老妈妈和她的三个儿子。老妈妈织得一手好壮锦，以此维持全家的生活。

这天，老妈妈在集市看到一幅画，上面画着田园、房屋、花园、池塘和成群的鸡鸭牛羊，老妈妈想，这画好美啊！我们家要是能生活在里面就好了。她决定把画上的村庄织成一幅壮锦，就买下了这幅画。

老妈妈回到家，不分昼夜地织起来，松油灯熏得她直淌眼泪，眼泪淌到锦上，老妈妈就在上面织成小河和池塘；针刺破了她的手指，鲜血滴在锦上，老妈妈就在上面织成太阳。她一连织了三年，终于织成了一幅美丽的壮锦。

她把三个儿子叫过来，一起看壮锦。突然，一阵大风把壮锦卷上天空，向东方飞去，一转眼就不见了。

老妈妈着急地让大儿子把壮锦找回来。

大儿子出发了。他走了一个月，来到一个大山口，那里有一座石头房子，门口坐着一位老奶奶，旁边有一匹石马。

老奶奶说："是东方太阳山的仙女把你妈妈的壮锦借去了。你要去找，先要打落两颗牙齿，放在石马嘴里，然后骑上它，经过烈焰熊熊的火山和漂浮着冰块的大海，才能到达太阳山。一不小心就会丧命。我劝你不要去了，我给你一盒金子，回家去吧。"

大儿子害怕了，他拿了金子，跑到大城市享乐去了。

老妈妈不见大儿子回来，病倒在床上，又让二儿子去寻找。二儿子也是个贪心怕死的人，他也拿了老奶奶的金子，到大城市享乐去了。

老妈妈病得骨瘦如柴，眼睛也哭瞎了。三儿子决心去把壮锦找回来。

他来到大山口，见到了老奶奶，照老奶奶的话打落两颗牙齿，然后跨上石马，咬紧牙关，忍着疼痛，翻过了烈焰熊熊的火山，渡过了漂浮着冰块的大海，终于到达太阳山。

太阳山的仙女们正在织锦，那幅壮锦就摆在屋子中央。一位红衣仙女因为喜欢壮锦中的美景，把自己的像也织到了壮锦上。

三儿子说明来意，仙女们答应马上还给他。

三儿子收好壮锦，马上往回赶。他回到家里，见妈妈已经奄奄一息了，赶紧拿出壮锦，壮锦顿时明亮起来，照亮了屋子，也照耀得老妈妈重见光明。

这时，一阵香风吹来，老妈妈住的茅草屋不见了，眼前是漂亮的房子、美丽的田园，和壮锦上织的一模一样。

花园里有个红衣仙女正在看花。

三儿子和美丽的仙女结了婚，和妈妈一起，一家人过上了幸福的生活。

大儿子和二儿子没多久就用完老奶奶给的金子，变成了两个乞丐。

014

五彩丝带亡明朝

在蚕农们心中，蚕是可以通达上天通晓天意的圣物。不信？在杭嘉湖地区，就流传着这样一个故事。

明朝末年，杭嘉湖地区有个种桑养蚕的小村子，这年出了件怪事：全村养的蚕都没出，只有一户人家出了五条蚕，这五条蚕条条不一样，红、黄、蓝、白、黑五种颜色，每条蚕各占一色。全村的人都把这五条蚕当成了宝贝，这五条蚕胃口又特别好，整个村的桑叶，都拿来喂它们了。后来，这五条蚕结了红、黄、蓝、白、黑五种颜色的茧子，这茧子个个都有鹅蛋那么大。村民们商议，这五颗茧子一不能卖二不能缫丝，得把它们藏起来，等明年春上出了蛾产了卵，各家各户都分一点去养。

不料这时官府也得了消息，一帮恶虎似的衙役直扑村子，抢走了五色茧，然后直送皇宫，献给了当时的崇祯皇帝。崇祯很喜欢这五色蚕茧，召集天下能工巧匠，把这五色茧缫成丝，刚好织成一条漂亮的五色彩带。崇祯非常喜欢，就拿这条五彩带用作腰带。

不久，闯王李自成打进北京城，崇祯逃到煤山的一棵歪脖子树下，他见大势已去，万念俱灰，于是抽出五彩带，悬挂于树上上吊。不料，他的头刚伸进圈里，便见手下一位将军带着士兵救他来了，见有生还希望，崇祯急忙扯住五彩带，要把头缩出来，就在这时，五彩带突然紧起来，把崇祯的脖子套得死死的，崇祯喘不过气，手一松，一命呜呼了！

官兵强抢五色蚕啦！

抢来的夺命腰带啊！天要亡我啊！

龙 蚕

在古人眼里，蚕是有灵性的，蚕的行为，也能发人深省，给人启迪。

很久以前，运河边有个王家庄，住着兄弟两家，俩兄弟都娶了媳妇。大嫂是本地人，会养蚕，二嫂是外地人，从未养过蚕，于是二嫂就向大嫂请教养蚕之法。大嫂表面上答应，暗地里却使坏。她教二嫂用开水泡蚕种，害得二嫂只收到一只蚕蚁。

二嫂虽然只养了一只蚕，却也十分细心，每天采来桑叶喂养，这只蚕长得像条凳那样大，廊柱那样粗。这蚕被大嫂看到了，认为是只龙蚕。当时民间传说，谁家出了龙蚕，那是要发家的。于是到了夜里，她用绳子套住龙蚕，想把龙蚕拉到自己家里去，可根本拉不动。

她又告诉二嫂，将白砷用水泡了洒在桑叶上，蚕吃了就会上山结茧，二嫂按她说的做了，可那只蚕只是蜕了一层皮，照旧吃桑叶。

大嫂又气又恨。这天夜里，从纺车上取下根锭子，悄悄隐进二嫂的蚕房，朝着大蚕头上狠狠一戳。接着又在大蚕身上戳了十几下，见大蚕不动了，这才偷偷回了家，美美地想，这下只有自家的蚕茧丰收了。

第二天一早，大嫂进了蚕房，大吃一惊：自家的蚕宝宝，一只也不见了。她再跑到二嫂家一看，只见二嫂家的柴帘上、墙壁上、窗棂上到处结满了白花花的茧子，当中那个茧子特别大。

原来，二嫂家养的的确是条龙蚕，是蚕中之王。大嫂戳死它后，它家族中的小蚕便从大嫂家跑过来给它吊孝，并吐丝作棺为它收殓，接着，这些小蚕一个个吐丝作茧，自缚而死。

你会后悔的。
天啊，我家的蚕宝宝怎么都来祭拜它啦！

巧借丝绸治怪病

每个东方女人，心中都有一个丝绸情节，古代女人也不例外。一个女人可以没有天生丽质的容貌，可以没有吟诗作赋的才情，但是丝绸裙子是必不可少的，越是富贵人家的女子，丝绸裙子就越多。历史上风靡几千年的一款丝绸裙子叫“石榴裙”，由于经久不衰，于是俗语中说男人被美色所征服，称之为“拜倒在石榴裙下”，至今仍在鲜活地用着。

裙子不仅能装扮女人，还能治疗疾病，江浙民间至今还流传一个用九条丝裙治怪病的趣闻。说是在古时候的浙江，有个年过五旬仍然爱穿绫罗绸缎，爱梳妆打扮的女人。有一天，她一手拿镜子，一手拿梳子，梳了两个时辰的妆，导致两只手怎么也放不下来了。丈夫请了好多郎中，接着求神拜菩萨，一概无用。

后来村里来了位老郎中，让丈夫把女人平素最爱穿的丝裙全给女人套上，一共套了九条。接着叫来满屋子左邻右舍。让女人丈夫当着众人面，一条一条扒她的裙子，一直扒到第八条裙子时，女人已经吓得魂飞胆丧了，不想老郎中还大声指使丈夫把她身上最后一条丝裙扒下来，情急之下，她双手拼命往下，揿牢裙子，就这样肩膀又能动了，怪病也巧妙地治好了。

哎呀，
手放不下来了
赶紧捂住，最后一条丝裙扒掉就没脸见人了！

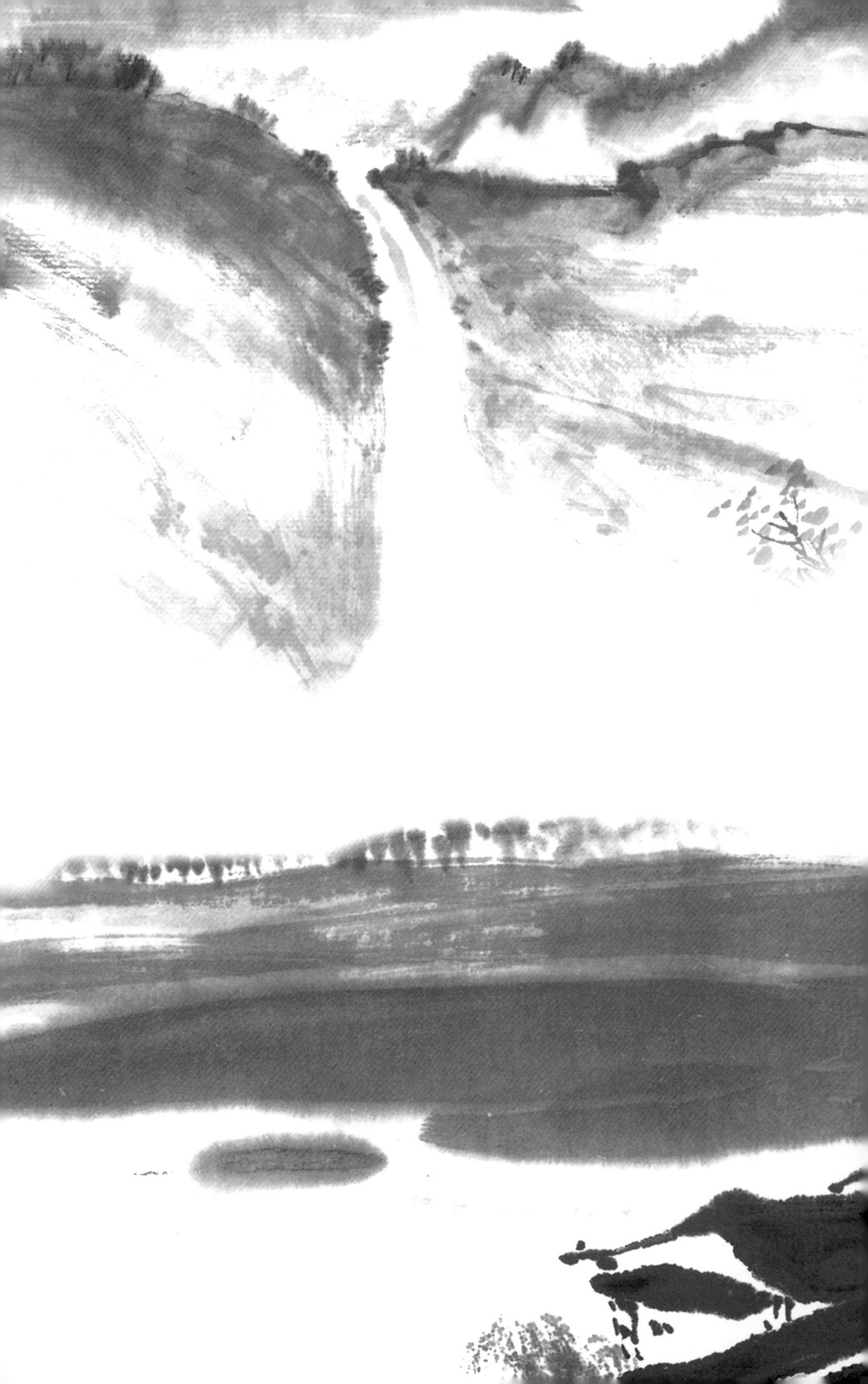

话说丝绸

文明篇

丝绸与华夏文明共生共存，我们的祖先不仅发明了丝绸，而且研究丝绸，利用丝绸，使其在经济贸易、文化艺术、服饰礼仪上，均闪耀出夺目的光辉。丝绸还是中华文明的『文化使者』，把古老的华夏文明带向了海外，对整个人类文明的发展起到了不可估量的推动作用。

半颗蚕茧之谜

在台北故宫博物院，有半颗蚕茧被当作国宝非常精细地珍藏着。这半颗蚕茧的发现，比黄帝嫘祖的传说还要早近千年，是最古老的蚕茧的孤证。

1926年春天，山西夏县西阴村仰韶文化遗址发掘现场，一名考古队员从一堆残陶片和泥土中发现了一颗花生壳似的黑褐色物体，这是一颗被割掉一半的丝质茧壳，已经部分腐蚀，但仍有光泽。当时现场主持的考古学家李济先生对此十分重视，马上请清华大学生物学教授刘崇乐先生进行鉴定，刘教授认定这蚕茧的切割面是由锐利的刀刃所为。

这个发现马上引起全世界关注，因为它是距今约6000年的蚕茧。6000年前，华南、华东，包括华北都是热带、亚热带气候，原始森林比比皆是，桑树生长得非常茂密，给野蚕提供了优良的生长环境，当时中华先民就发现野蚕丝又细又牢，是非常好的纺织纤维。于是，先民们就用石刀或骨刀将野蚕茧切开，取蚕蛹为食，扯茧为丝。

据考古学家分析，这半颗蚕茧，应是先民切开蚕茧取蛹时，不小心割破了蛹，蛹血污染了蚕茧，因而将其丢弃所以遗留下来的。

咦？半颗蚕茧？

丝绸与四大发明

四大发明是指中国古代对人类文明产生重大影响的四种发明，分别为指南针、造纸术、活字印刷和火药。

经专家考证，这四大发明每个都与丝绸有着深厚的渊源。

指南针发明得早，但如何让指南针准确地指南，古代的发明家动足了脑子，他们先是把磁针搁在罗盘上，后来又放在盛满水的碗里，利用水的张力浮起磁针来指引方向，效果都不太理想。后来，有个聪明的发明家想到一个办法，用一根丝把指南针悬起来，它就能准确地指引方向了。

纸最早是源于丝织品的下脚废丝，以及漂絮时留存的丝屑纤维所制成的一种薄绵片。一位有心的丝绸人发现这种絮片能够写字，并且比纯丝帛要便宜，因此加以运用，并取名为“纸”，但是这种絮片强度不够，于是当时人们发明了一种新的纸，将碎的、断的丝纺织起来，被称为茧纸。茧纸质地坚韧，光滑细白，十分名贵，在我国早期普遍为王公贵族所使用，主要用于书画。

我们现在所熟知的印刷术，是宋代科学家毕升在前人的基础上总结、发展、完善，产生了活字印刷。事实上我国印刷术在公元前2世纪就已经产生了，从马王堆里就发现了它的应用。长沙马王堆汉墓里出土的绸帛上的彩色图案，则采用了漏版技术。

火药的正式用于军事，则是源于一幅五代记录炼丹场景的彩绢画，后人参考这幅画，发明了用于战场的火铳。

可见，在几千年的文明进程中，丝绸已经渗透到人类生活的方方面面。缫丝织绸本身就是一项伟大的发明，它对世界的贡献，并不弱于传统的“四大发明”。近年，中国科技展览馆、中国丝绸博物馆等单位，包括一些知名学者，都提出重新定义中国的“四大发明”的倡议，认为“丝绸、青铜、造纸印刷和陶瓷”才是中国对世界贡献最大的四大发明。

这个可以用来写字画画哦

此为茧丝也

再难复制的素纱禅衣

1972年4月，考古工作者在长沙马王堆汉墓发现了埋存地下2100多年仍未腐烂的汉代女尸，墓中有帛书、帛画、竹简、漆器、竹笥、丝织品、木俑、陶器、农畜产品、中草药等文物3000多件，轰动了整个世界。

这些文物中，仅丝绸类就有烟花菱纹罗地“信期绣”、丝棉粉扑、几何纹绒圈锦、印花敷彩纱丝绵袍、素纱直裾禅衣、帛书、帛画数十件，件件精品，其中的两件素纱禅衣，重量分别是48克和49克。

国家文物局决定复制一件素纱禅衣。但没有一家单位敢承接，因为要复制这么轻薄的禅衣，实在太难了。

任务最后落到南京市云锦研究所，为了圆满完成任务，研究所科技人员和艺人动足了脑筋。

他们将四眠蚕用药物促成三眠，使其吐出超细蚕丝，但光泽不够，于是又特地划出一块基地，种植一批桑树，从空气、水质、施肥、除虫各个环节严格按照无公害要求，产出绿色桑叶，用了五年时间，才使蚕丝一步步接近2000年前所产蚕丝的光泽。

缫丝织造过程也颇费周折，又经过十几年的反复论证与试验，前后共花了20年时间，终于复制出与原样几乎完全相同的素纱禅衣。可是当专家将复制好的禅衣一称，发现重量为49.5克，还是比原样重了0.5克。

相差0.5克

女皇绣裙现天日

1981年，在地下沉睡了1113年的法门寺地宫重现人间，地宫内不仅有举世罕见的佛祖真身舍利，还有皇室供奉佛家的金银珠宝等各种珍稀文物，其中仅唐代丝锦织品就有700余件，包括了锦、绫、罗、绢、缣、纱、绮、绣等门类，堪称唐代丝绸宝库。

这些丝绸精品中，有一条红色的绣裙非常引人注目，专家根据出土文字资料认定，这条寄托着主人灵魂的绣裙，属于一代女皇武则天。

武则天和红裙之间，有说不完的故事。她流传至今的一首诗，也离不开红裙：

看朱成碧思纷纷
憔悴支离为忆君
不信比来长下泪
开箱验取石榴裙

石榴裙，就是红色的裙子。

为了让一代女皇的绣裙重现光彩，中德文物保护专家经过15年的努力，终于攻克难题，将绣裙展开，红色的丝绸面料上，金丝绣成的双凤和花鸟图案金光灿灿，轮廓清晰可辨，其高超的丝织工艺、美妙无比的图案设计和艺术造型，让人叹为观止。

如今这条美仑美奂的红绣裙珍藏在法门寺博物馆，引世人瞩目。

嘻嘻，专家们研究的就是我武曌的石榴裙哦。

莫高窟里藏丝绸

1900年，敦煌莫高窟藏经洞被发现，洞中除了大量纸质文书外，还有大量的丝绸实物。这些当年丝绸之路上的过客，可能因为战乱或其他人为的阻碍，没能最终到达古罗马，呈现在贵族上流社会豪奢的晚会上，而是在这里静静地躺下来，一躺就是上千年，不为人知。

千年之后，当它展露在世人面前时，不论是出自北魏还是唐代，依然是那样灿然夺目，那样精美华贵，可惜的是，它们大多被西方的文物贩子盗运到国外，现在，世界各大博物馆里，还能看到它们的踪影。

在丝绸之路的多次考古发掘中，发现了各个不同时期的丝绸实物。

1908年，英国人斯坦因在敦煌发现了一帛书信件，约9厘米见方，至今保存还较为完好，内容是抱怨通信困难。这封信比发明造纸术早了800年，是迄今发现的人类最早的丝绸书信。

1976年，新疆考古工作者在吐鲁番盆地西缘、天山阿拉沟东口的一座古墓中，发现了一件保存完好的凤鸟纹绿色丝线刺绣绢，经鉴定为中原地区产物。这座墓的墓葬时间约在公元前642年，距今约2700年，这是丝绸之路在那时已经存在的实物证明。

丝绸之路，就是用丝绸在千年时光中织就的绚丽彩带。

丝绸之路对人类历史的影响，特别是在中西方文明的交汇融合上，有着决定性的意义。如果没有丝绸之路，我们今天的生活方式会有很多不同。

原来莫高窟藏
这么多精美丝绸啊！

雷峰塔地宫藏丝绸

2001年3月，密藏地底近千年的雷峰塔地宫要开启了！整个杭州为此沸腾了，全城热议地宫里到底会有什么宝贝，专家们也在分析，地宫中最大的宝贝应该是佛螺髻发。“佛螺髻发”是佛的一缕螺旋状的头发，是稀世珍宝。因此有专家提出，既是供奉佛螺髻发，地宫中必有丝绸。理由如下：

一是雷峰塔是吴越国时期所建，当时中原地区大战不止，生灵涂炭。而吴越国实行“我且闭关修蚕桑”的政策，在和平的环境里，大力发展桑蚕业，为老百姓造福，也使蚕桑业得到了空前的发展和繁荣，每年都向中原朝贡大量高档丝织品，赵匡胤统一中原，钱弘俶纳土归宋，贡献的珍奇宝物、金银无算，仅丝绸织物就有“锦绮二十八万余匹、色绢七十九万七千余匹”，让刚刚经历战乱的中原国库充盈。

二是丝绸是种有灵性的物品，蚕吐丝成蛹，然后成蛾产子，再化为蚕，它的生命是一个完整的轮回，与佛教阐释的生命轮回的理义相通。

后来，雷峰塔地宫开启，盛放银舍利塔的铁函，果然外层包裹的就是吴越国时期出产的丝绸，而铁函内盛放“佛螺髻发”的银舍利，底部铺垫的也是精美丝绸。

雷峰塔里果然有供奉佛祖的丝绸也!

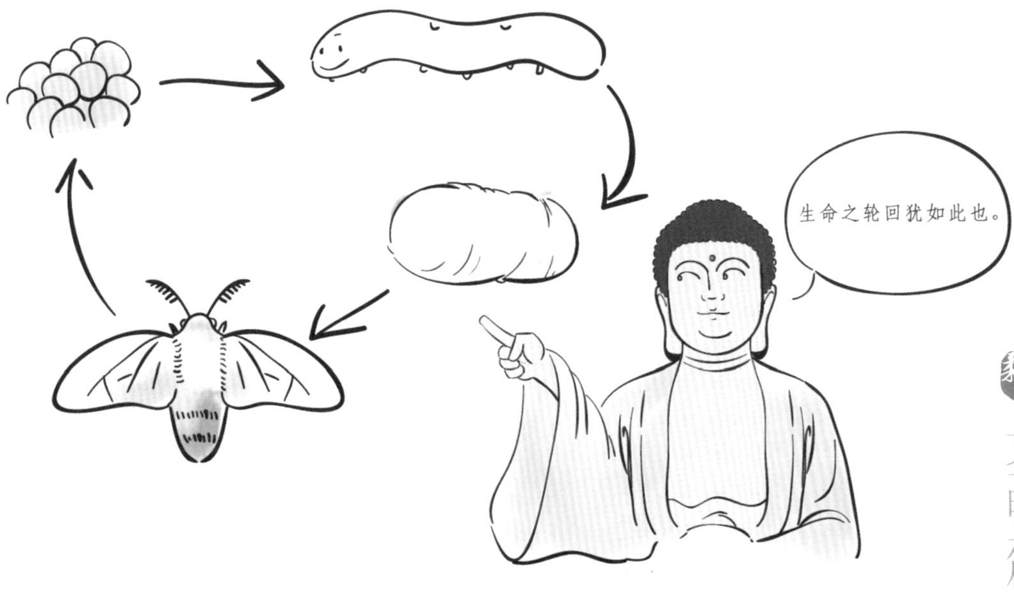
生命之轮回犹如此也。

张骞开丝路

丝绸之路是古代连接欧亚的政治、经济、文化桥梁。它的起点是长安，向西经过河西走廊、西域，把沿途数十个国家和地区连接起来，是中外文化交流的纽带。这条路在秦代以前就已存在，但使其受到重视，并且在很长一个时期保持通畅的，当归功于汉代的张骞。

公元前138年，汉武帝为了扼制匈奴，派张骞出使西域。张骞领命，率使团从长安起程，经陇西向西行进，不想刚到河西走廊一带，就被匈奴骑兵发现，张骞和随从一百多人全部被俘。

匈奴人将张骞他们分散到大漠去放羊牧马，并由匈奴人严加管制。还给张骞娶了个匈奴女子为妻，但张骞一直在寻找时机逃跑。他一直等了11年，直到匈奴的看管放松了，才得到机会，和贴身随从甘父一起逃走，离开匈奴地盘，继续向西行进。

由于出逃仓促，没有准备干粮和水，他们一路上忍饥挨饿，干渴难耐，好在甘父射得一手好箭，常射猎一些飞禽走兽，饮血解渴，食肉充饥，奔波了好多天，终于越过沙漠戈壁，翻过冰冻雪封的高原，来到了大宛国。

大宛国王早就听说汉朝是一个富饶的大国，很想建立联系。听说来了汉朝使者，喜出望外，在国都热情地接见了张骞。在大宛国王的帮助下，张骞先后到了康居（今撒马尔罕）、大月氏、大夏等地。

张骞在东归途中，再次被匈奴人抓获，后又设计逃出，终于回到长安。

公元前119年，汉武帝再次派张骞出使西域。这次，张骞带了三百多人，顺利到达乌孙。并派副使访问了康居、大宛、大月氏、大夏、安息（今伊朗）、身毒（今印度）等国家。

汉武帝为了打通与西域各国的联系，派名将霍去病带重兵攻击匈奴，消灭了盘踞河西走廊和漠北的匈奴，设立河西四郡和两关，建立了一条通往西域的交通要道。

这就是著名的丝绸之路。

张骞大人再坚持下，
我们马上逃出匈奴了！

老夫走过的这条路，
就是名传至今的丝绸之路！

草原丝绸之路

草原丝绸之路是指横跨欧亚大陆的北方草原地带的交通道路。这是一条开创最早，对中外文化交流起过重要作用的丝绸之路。

匈奴全盛时期，政治中心在漠北（现蒙古国乌兰巴托），后来乌兰巴托出土大量的汉朝锦绣织物，而位于这条路上的大同云冈石窟，突出地体现了中西文化交流的硕果。

到了蒙元时期，蒙古人通过草原丝绸之路给欧洲人送去华丽的货物和奢侈的珍品，“鞑靼绸”、“鞑靼布”和“鞑靼缎”，是当时用来说明世界上最精美衣料的名词。但欧洲人并不知道，这些精美的衣料并不是出自蒙古，而是来自中国，蒙古人只不过是通过草原丝绸之路进行转手贸易的商人而已。

与传统意义上的丝绸之路相比，草原丝绸之路的分布更为广阔，有水草的地方，就会有路。其中心地带，往往随时代变迁而变化，如匈奴时代在漠南和漠北，契丹时代在东部草原，蒙元时代则横贯欧亚，纵贯南北。

由于草原上的皮毛产品和珠宝金银也在草原丝绸之路的贸易中占有较大比例，所以这条路又可称为“皮货之路”和“珠宝之路”。

在每条向着世界延伸的丝绸之路上，最大的赢家不是行旅匆匆的商人，而是相向而行交融无间的文明。

好美啊！
中国丝绸真是太好卖了。

西南丝绸之路

当从河西走廊通往中西亚的丝绸之路正处于艰难地建设和维护之时，另一条丝绸之路却早在两百年前就已存在了。这就是从四川，经云南，过缅甸，将精美的蜀绸运往身毒（现印度）的古西南丝绸之路。

张骞第一次出使西域时，在中亚一些国家看到从四川输入的蜀布和筇竹杖，这才知道四川商人早已从云南经缅甸到印度从事贸易了。

汉武帝得知此事后，甚为欣喜。决定像打通从河西走廊到中西亚的丝绸之路一样，也打造一条从四川到印度的官道。他封张骞为博望侯，以蜀郡、犍为郡为据点，派遣四路秘密使者，探索通往印度的道路，但都遭到当时西南少数民族的阻拦。

接着，汉武帝又广征士卒，举兵攻打西南夷、滇、夜郎等国和部落，却遭到为了保护丰厚过境贸易的头领们的疯狂抵抗，历经十余年，仅打通从成都到洱海的通道，只能通过各部族作中介，与印度商人间接贸易。直到东汉永平十二年，这条西南丝绸之路才算真正打通。

通过这条道路，四川的丝绸、布、筇竹杖、铁器等得以输入印度，而印度的琉璃、宝石、翡翠等，也开始源源不断进入中国。

到了唐代，这条丝绸之路更为兴旺发达，历久不衰，后来，随着茶文化的兴起，大量的茶叶贸易也凭借这条通道进行。

为了打通西南丝绸之路，冲啊！

海上丝绸之路

丝绸是中国的国宝，它所到之处，都大受欢迎，中国丝绸在通过商旅运往世界各地的数千年时间里，形成了一条又一条的丝绸之路。除了陆上，还有海上丝绸之路，也鼎鼎有名。

海上丝绸之路是古代中国与外国交通贸易和文化交往的海上通道，在陆上丝绸之路之前，就已有了海上丝绸之路。它形成于秦汉时期，发展于三国至隋朝时期，繁荣于唐宋时期，转变于明清时期，是已知的最为古老的海上航线。海上丝绸之路的主要港口，历代有所变迁。起点包括徐闻、合浦、临海、广州和泉州等等。汉代“海上丝绸之路”的始发港是徐闻古港，从公元3世纪30年代起，广州取代徐闻、合浦成为海上丝绸之路的主要港口，宋末至元代时，泉州超越广州，与埃及的亚历山大港并称为“世界第一大港”。明初海禁，加之战乱影响，泉州港逐渐衰落，漳州月港兴起。由于各个时期运输物品各有侧重，海上丝绸之路又叫海上陶瓷之路、海上香料之路。

近几年，关于海上丝绸之路起点的争论颇多，大家各执一词，都认为自己的城市才是海上丝绸之路的起点，并积极为自己的城市申请世界文化遗产。

其实，以上几个城市都是海上丝绸之路的起点，但总的来看，大多数人还是认为福建泉州是最早作为海上丝绸之路的起点。

海上丝绸之路起点研究会
泉州
宁波

古罗马的丝绸风

古罗马辉煌于欧州之时，正值中国西汉时期，中国大量奢华精美的丝绸通过丝绸之路进入古罗马，激起了古罗马贵族和上流社会的阵阵惊喜，引为至宝。丝绸成为古罗马人狂热追求的对象。

凯撒大帝也十分喜爱丝绸。有一次，他穿了件丝绸长袍出席大会，使全场为之惊呼。

丝绸风在古罗马越刮越猛，贵族和上流社会都以拥有丝绸服饰而感到自豪。古罗马的市场上丝绸的价格曾上扬至每磅12两黄金的天价。造成罗马帝国黄金大量外流。使得元老院制定法令禁止人们穿着丝绸服饰，但丝绸的美丽华贵已使古罗马人沉醉其中，禁令最终被取消，为了获得购买丝绸的金银，古罗马发动了一场又一场战争……

也正是因为古罗马人沉醉在中国丝绸上，引发了古罗马对丝绸需要的矛盾，使其急待寻求和开辟丝绸贸易途径，虽然开通了南北两条陆上贸易之路，但更为重要的是开辟了一条通向中国海岸的远洋航道，使古罗马有了海上的丝绸贸易之路。

凯撒大帝穿上中国丝绸，真是太拉风了！
凭什么不许我们穿丝绸！
抗议!!!
抗议!!!

丝绸之战

中国丝绸通过丝绸之路到了古罗马后，掀起一股丝绸狂热。当时古罗马丝绸的价格超过了黄金，权贵们又竞相购买丝绸，长期如此，古罗马的国库几乎达到了亏空的状态。

于是罗马人打算与埃塞俄比亚人联合，绕过高价垄断经营的波斯，从海上去印度购买丝绸，然后东运罗马。波斯人得到消息后，便用武力向埃塞俄比亚进行威胁，阻碍他们成为罗马人获取丝绸的中间人。罗马人无奈，只好请与波斯近邻的突厥可汗帮忙调解。据亨利玉尔写的《古代中国见闻录》中记载，公元6世纪，突厥派出了一个由粟特人组成的使团到达波斯，打算与波斯进行一场谋求能够允许其商队在波斯境内自由通过的谈判。然而波斯为了独占中西丝绸贸易之利，不但不答应使团提出的要求，还将收购来的粟特商人贩运的丝绢统统烧毁，以表示波斯不与突厥人就此问题进行谈判的态度；在突厥派出第二个使团时，波斯人又将大部分使团成员毒害致死，使双方矛盾迅速激化。导致东罗马联合突厥可汗于公元571年征讨波斯，结果双方交战20年之久不分胜负，这就是西方历史上著名的“丝绸之战”。

战争是解决争端的最后手段，因丝绸而起的战争，历史上有好多起。说到底，其祸不在丝绸，在于欲壑难填的贪婪。

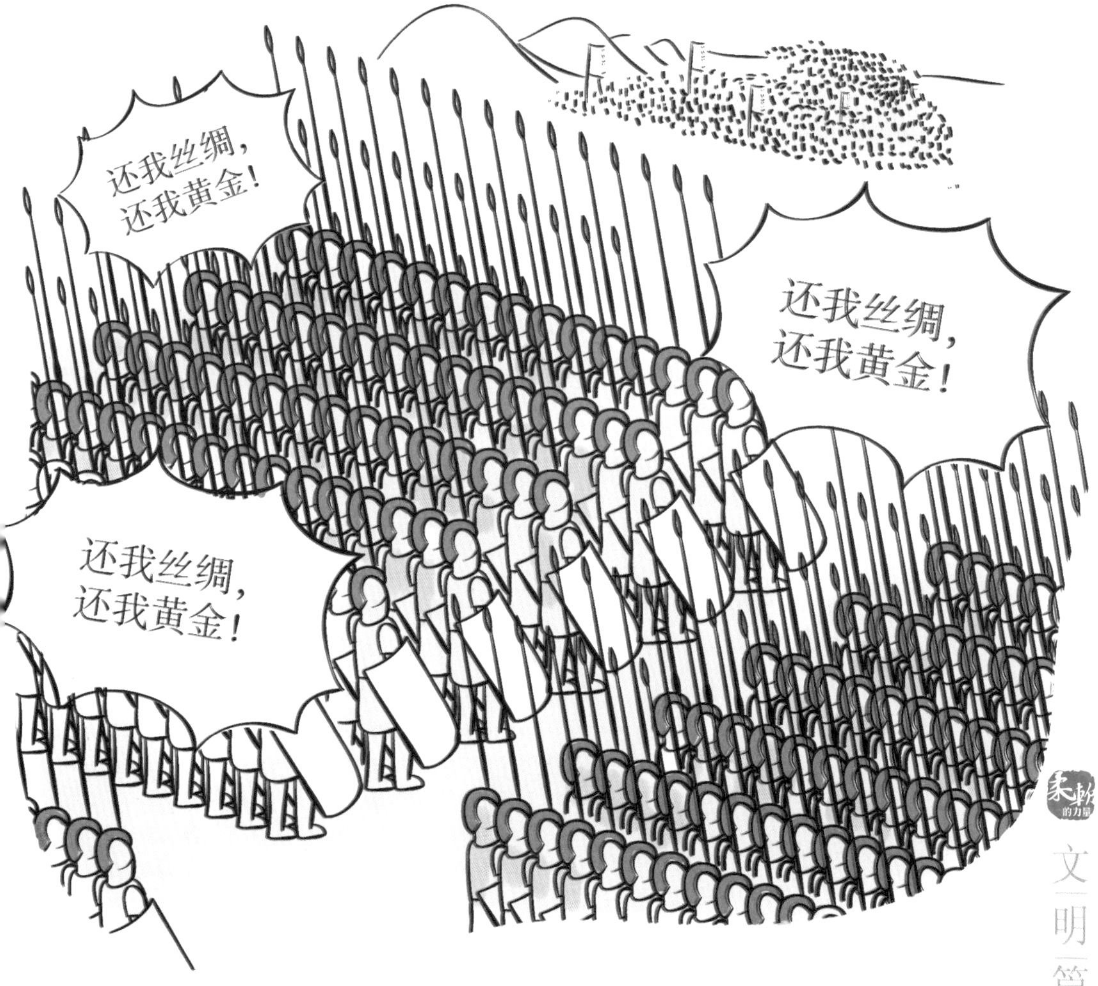
还我丝绸，
还我黄金！
还我丝绸，
还我黄金！
还我丝绸，
还我黄金！

吴楚大战因蚕桑

成语“卑梁之衅”源于一场吴楚大战，意在讽喻因无谓小事而引起的争端，要宽以待人，有容人之量。在这个成语背后，还有一个与蚕桑有关的故事。

据《史记·楚世家》记载：春秋后期，吴国的边境城邑卑梁和楚国的城邑钟离一界之隔，鸡犬相闻。一天，卑梁与钟离的两个女孩一起采桑叶时，因争抢桑叶发生了口角。两家大人听说后随即赶到了出事地点，先是相互指责对方，既而大打出手，结果钟离的人打死了卑梁的人。

为此，卑梁的百姓怒不可遏，守城的长官还带领大兵扫荡了钟离。楚平王接到钟离遭到攻击的报告后，不问曲直是非，当即调拨军队攻占了卑梁。而吴王僚对楚国领土早有觊觎之心，正愁没有进攻的借口，自然不会放过这个难得的出兵机会，于是派公子光率领大军进攻楚国。最后，吴军攻占了钟离和楚国的另一重镇居巢。

历代以来，两个国家打仗，都是为了重大的国家利益，但这场吴楚大战却因为采摘桑叶这点小事，给后人留下深刻的警示。

我的桑叶！！
吴
楚

吴
吴
吴
吴
楚
楚
楚
楚
楚
楚

中日丝绸之战

日本的丝绸产业，是从中国学过去、照着中国的模式做起来，后来才逐步发展壮大。想不到的是，在甲午海战之前，中日之间就在贸易领域打了一场丝绸之战，这场战争一直打到20世纪30年代。

日本不产棉花，外贸主要靠生丝出口，而中国是生丝和丝绸生产的鼻祖，也是国际市场上的最大卖主，而且日本生丝灰白无光泽，其质量与洁白光泽的中国江浙生丝没法比较。1918年，江浙生丝在纽约市场每公斤售价4.12美元，而日本丝只能卖3.66美元。中国的技术、质量和产能都远超日本，日本不是中国的对手。

当时世界最主要的丝绸市场在欧州，中国生丝在那里大受欢迎，根本没有日本生丝的立足之地。日本人没有办法，就把生丝出口市场转到美国，当时美国的生丝需求连法国的一半都不到。这时如果中国的生丝跟着也进入美国市场，日本生丝就没有立足之地了。

日本人害怕中国丝绸商人追到美国，便跟美国人订了个合约，日本从美国大量进口棉纱，但美国要购买日本的生丝。

没想到，日本生丝进入美国市场后，美国的经济开始腾飞，消费急剧扩大，丝绸消费从每年1900吨迅速增加到38300吨，增长了17倍。但这时美国的丝绸市场已是日本的天下了。

第一次世界大战后，一场世界性的经济危机横扫欧美，中国的生丝出口迅速滑落到零，而国内市场的丝绸需求一直就很少，中国的丝绸产业遭受了毁灭性打击。日本丝绸业由于国内强劲需求的支撑，最终扛过了这场危机。

这场丝绸之战中国不仅败在衰弱不堪的国力上，还为八年的浴血抗日埋下了前因。经济危机过后，欧美市场需求较战前更加旺盛，丝绸出口成为日本最主要的外汇来源，依靠丝绸创汇，日本进口了大量工业设备及武器装备，日本的军国主义情绪迅速膨胀，从而信心满满地一头扎进了第二次世界大战。

中国蚕丝果然名不虚传!
日本
中国

我们不是输在品质上,
而是输在国力上!
日本丝绸业

日本使团内讧为丝绸

明朝在绝大部分时间，都是世界头号强国。它的历代君王，很享受这种唯我独尊的感觉。它不许民间与国外贸易，但外国可以来中国朝贡，就是以藩国的身份晋献礼物，以求保护。这种天朝大国高高在上的感觉，让明朝的皇帝很是得意。为了鼓励外国多来朝贡，朝廷会笑纳这些朝贡品，然后按它市值的8倍甚至十几倍的价值，返送绸缎、瓷器等礼品。

这制度鼓励了不少国家的积极性，尤其是对中国丝绸十分渴望的日本，不停地贡来硫磺、刀剑、红铜、漆器等物品，换回大量的丝绸。很多民间机构也假借朝贡之名，运来物品换回丝绸。

这样一来，明朝有点被玩弄的感觉，于是限定朝贡次数和朝贡物品的数量，还发给勘合（相当于批条）。有了这个限制，日方不同的部门为了自己的利益，开始为得到进贡的机会和配额争开了。

1523年6月，日本左京兆大夫内艺兴派倍宗设向明朝进贡，到了明州（今宁波）市舶提举司，没过两天，日本右京兆大夫高贡派的朝贡使瑞佐也到了。瑞佐见倍宗比自己先到，如果市舶提举司先接受倍宗的朝贡品，配额一到，自己就什么也得不到了。于是，他派人贿赂市舶太监赖恩，先接受自己的朝贡。

倍宗设一看瑞佐抢在自己前面，自己不能把中国丝绸带回去，那将是死路一条！他一怒之下，领着手下砍了瑞佐，烧了瑞佐的船，然后一路抢掠而去，这事件后来被称为“争贡之役”。受此事影响，以进贡为名进行了近百年的中日贸易也告终结。

这个故事最可笑的，并不是两批贪婪到自相残杀的日本使团，而是坐在文化的高峰洋洋自得、目中无人的明朝皇帝。只会接受膜拜的文化是没有生命力的。明朝在放弃了一个接一个难得的机会后，终于成为中华文明盛终而衰的拐点。

日本使节非常仰慕我大明嘛，
哈哈，奖励上等丝绸500匹！
让你抢着进贡，
让你抢我丝绸！

汉朝公主暗传丝

20世纪英国探险家斯坦因在中国新疆境内进行考古盗掘时，在和阗（今和田地区）附近的丹丹乌里克遗址中发现了一块“传丝公主”画版。在这块画版上有一头戴王冠的公主，旁边有一侍女手指公主的帽子，似乎在暗示帽中藏着蚕种的秘密。

这个故事讲的是西汉时期于阗国的国王为求蚕种，派使节到长安求婚。汉朝奉行和亲政策，把一位公主嫁给国王。于阗使者向公主暗报，说于阗没有桑蚕，不能给公主提供丝绸，如果公主想穿丝绸服饰，需自带蚕桑种子陪嫁。公主聪慧，出关时将蚕桑种子藏在帽子里，边防士兵不敢检验，随即过关，顺利交给国王。

从此，于阗也开始种桑养蚕，生产丝绸。

唐玄奘所著《大唐西域记》中也记载了这样一个故事：“昔者此国未知桑蚕，闻东国有也，命使以求。时东国君秘而不赐，严敕关防，无令桑蚕种出也。瞿萨旦那(于阗)王乃卑辞下礼，求婚东国。国君有怀远之志，遂允其请。瞿萨旦那王命使迎妇，而诫曰：“尔致辞东国君女，我国素无丝绵桑蚕之种，可以持来，自为裳服。”女闻其言，密求其种，以桑蚕之子，置帽絮中。既至关防，主者遍索，惟王女帽不敢以验。遂人瞿萨旦那国，止麻射僧伽蓝故地，方备仪礼，奉迎人宫，以桑种留于此地。”

哇，国王好英俊啊！
我美丽的公主，你真的把蚕种和桑籽给我们带来了！
蚕种
桑籽

颐和园中耕织景

2003年10月，北京颐和园对游人新开放了一个新景区：耕织图景区，这景区颇具江南水乡韵味，立有乾隆皇帝御笔题款的《耕织图》昆仑石碑，主要由澄鲜堂、延赏斋、蚕神庙、《耕织图》石刻长廊等部分组成，依照清朝当时的实景，按原样恢复重建。

清朝跟以往朝代一样，非常重视农桑，每年开春时节，皇帝要到先农坛举行亲耕仪式，皇后则要去先蚕坛举行亲蚕仪式。这些仪式是为了立天下表率，表示皇家对耕作和蚕桑的重视。康熙皇帝命宫廷画家焦作贞仿楼铸《耕织图》绘制新图，他亲自在上面写序题诗，称为《御制耕织图》，镂版刊行，流行甚广。乾隆皇帝仿古制，每年都要举行皇后亲蚕仪式，并将康熙《御制耕织图》刻石，立于颐和园耕织图区。每年九月，织染局祈祀蚕神的仪式，也是在这里的蚕神庙举办。

更难得的是，为了体现皇后是真正在亲蚕，当时的耕织图区还设立了养蚕、缫丝、纺织、染色一条龙的丝绸生产过程。虽然皇后本人只是做做样子，但的确有专门的人在替她从事这项工作。为了提供桑叶养蚕，织染局专门从地安门内嵩祝寺将桑树移到此处种植。现在，耕织图景区保留着3198株古树，树龄在二三百年的古桑就有10余株，十分稀有。

耕织图景区
本人玄烨，就是史上的康熙大帝，耕织图是我亲笔题字的哦。

巧娶织娘入浙江

黄河流域、四川盆地及长江中下游是中国丝绸的三大产区，很长一个时期，北方丝绸的生产水平一直领先于长江流域。但长江流域后来居上，成为中国丝绸的主产地，不论是产能还是生产技术，都领先于全国。在这个转换过程中，有不少可圈可点的故事，唐大历年间，就发生过节度使给部下发钱娶媳妇的事。

唐大历二年（公元767年），薛兼训任浙江东道的最高军事长官时，他看到当时越州（现绍兴一带）虽然广植桑树，村民普遍养蚕，但机织技术比较落后，及不上北方出产的丝绸。于是，他从部队中挑选一批未婚士兵，给他们发放银两，让他们到北方娶善于缫织的姑娘为妻，并带回越州。这些士兵带着银两，从北方青州、徐州一带引来技艺高超的织女，这些人才的引进，使当时的越州丝绸织造业得到突飞猛进的发展，原来只能织一些简单纹样的浙江东部，突然“风俗大化”，不断织出非常精巧的丝绸，仅给朝廷的贡品，就有吴绫、异样吴绫、花鼓歇纱、吴朱纱、宝花花纹罗、白编绫、交梭绫、十样花纹绫、轻容兰郇、花纱、吴绢等数十种，为其他州郡所不及。

浙东节度使薛兼训用花钱娶媳妇的办法，巧妙地引进人才，让越州丝绸纺织水平迅速提高。

兄弟们，去把
最好的织娘娶到浙江来。

宰相后人传织机

杭州丝织机坊历史悠久。相传唐朝宰相褚遂良(杭州人)的后裔，“得机杼之巧，归杭传里人”，使杭城“机杼之声，比比相闻”。当时，杭州机坊生产绯绫、白编绫、纹绫等丝织品，所织柿蒂花纹的绫，极为出色。褚氏为后代从事丝织业者所推崇，在褚家堂(现改为忠清巷)建立“通圣土地庙”来祭祀他。通圣土地庙后改为“观成堂”，现为观成小学，尚有遗迹可考。

朝堂宰相的后人为何会“得机杼之巧，归杭传里人”，这里面还有一段感人的历史。

褚遂良，字登善，浙江钱塘（今杭州市）人。唐朝初年，官至宰相，他写得一手好书法，与欧阳询、虞世南、薛稷并称初唐四大书法家。深得唐太宗赏识，最难得的，其为人非常正直。所以唐太宗李世民临终时，立诏让褚遂良和长孙无忌共同辅佐朝政。后唐高宗李治要立武则天为皇后，褚遂良和长孙无忌竭力反对，武则天当政后，褚遂良被一贬再贬，连带着两个儿子也被杀，后人无处落脚，惶惶然回到杭州。杭州人对他们不仅没有落井下石，反而格外关照。褚家人非常感动，褚遂良的后人褚载，见杭州很多人以织绸为业，但所产丝绸比不上北方，就专门去了趟扬州，买回那里最好的织机，请来扬州最好的师傅，把北方最好的织绸技艺毫不保留地传给了杭州人。

从这以后，杭城“机杼之声，比比相闻”，精美的丝绸源源不断地产出，加上京杭大运河交通之利，杭州丝绸很快畅销全国，到了唐朝中后期，杭州成为了全国丝绸产业的重镇，最终得到“丝绸之府”的美名。

将褚遂良逐出京城！

多亏了褚丞相后人赠予的织机，
才织出这么精美的丝绸。

杭城三座机神庙

自古以来，杭州手工业非常发达，三百六十行，行行都有自己的祖师爷。而每个行业都会为自己的祖师爷立一座庙，既是行业议事场所，逢年过节还要举办祭祀活动，增进行业团结。

杭州丝织业的祖师爷是黄帝和嫘祖。清代杭州其他行业都只立一座神庙，唯独丝织业立有上、中、下三座机神庙。

上机神庙立在上城区涌金门红门局，也就是杭州织造府旁边。这是全杭州城的总庙，中庙立在下城区清园巷，下庙立在江干区石弄口，庙址就在现在的机神村。三座机神庙，都奉祀行业的祖师轩辕黄帝和嫘祖娘娘，每逢春秋两季，都要焚香上供、演戏酬神、饮宴聚会、商量行业公事等。历代以来，杭州清园巷和机神村都是丝绸艺人聚集地，加上杭州光私营织机就有一万多台，一座神庙根本容纳不了这么多人，才建了三座机神庙，纵贯杭州城。

三座机神庙都是当地的活动中心，周围店铺林立。特别是涌金门红门局旁的上机神庙最为热闹，是机坊主交易的主要场所，被称为“闹市口”。

光有这三座神庙还不够，杭州丝绸业又建立了“杭州绸业会馆”，会馆建筑巍峨，门庭轩昂，后园古木参天，亭阁玲珑。现为杭州市文物保护单位。

以上种种，足见当时杭州丝绸产业之盛况。

下城区
江干区
上城区

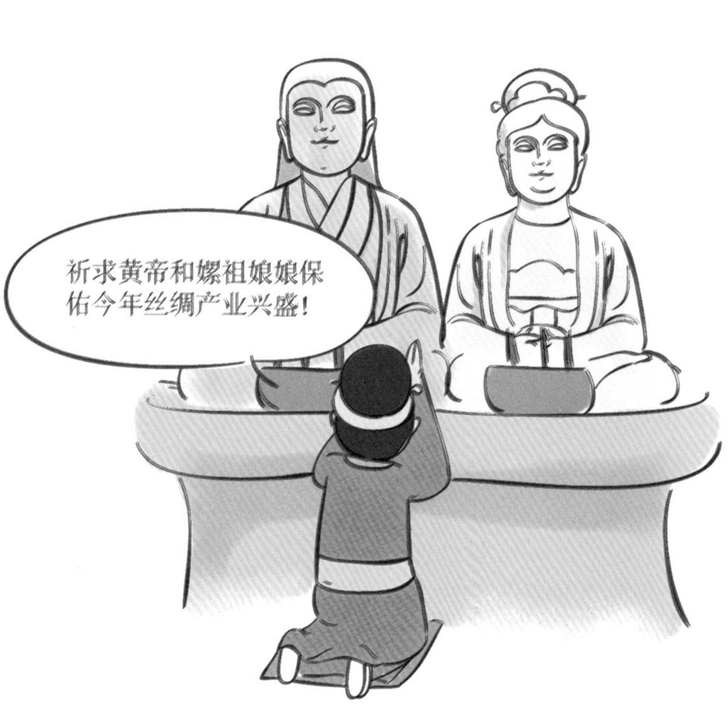
祈求黄帝和嫘祖娘娘保佑今年丝绸产业兴盛！

流韵千年看“茧”桥

马可·波罗笔下的杭州是一座锦绣之城，城里的男男女女都穿绫罗绸缎，城里遍布绸庄，机杼声彻夜不息，桑园密布，家家户户心无旁骛，只事蚕桑。丝绸就像铺满天空的彩霞，灿烂了整个杭州城。

杭州历来是蚕桑重镇，自唐代以来，就是中国丝绸的主产区之一，吴越国采取“闭关修桑蚕”政策，这一时期的丝绸产业又得到长足发展，而南宋迁都杭城后，杭州丝绸产业进一步繁荣，一时天下无两。

当时杭州城“机杼之声，比户相闻”，家家户户都以丝绸为生。杭州丝绸产业最集中的地方有两处，一处是城里庆春街东园巷一带，但规模最大、影响最深远的，应该是在艮山门外，笕桥一带，堪称当时的杭州丝绸产业中心。

笕桥原名茧桥，是蚕茧和丝绸产品的集散地，季节一到，四周的蚕农划船经过河流将蚕茧运到茧桥，以缫丝为主的乔司丝农驾车而来，买走需要的蚕茧，也带来缫好的生丝在这里出售。来买他们产品的，就是庆春街忠清巷和笕桥附近机神村一带的机坊主了。当然，这些机坊主跟他们一样，同时也是卖方，他们卖的是异彩纷呈的成品丝绸，赶来洽谈购买的，不仅有杭州城的绸庄、衣庄、扇庄和伞庄的商户，更多的还是全国各地慕名赶来的行商，通过这些异乡客，占全国产量近一半的杭州丝绸（吴越国时期占全国七成产量），通过这里辐射全国，有些则通过海上丝绸之路走向世界。

笕桥作为杭州丝绸产业中心，一直延续至今，流韵千年，传承不息。中国丝绸行业的标志性企业万事利集团，也座落在笕桥。

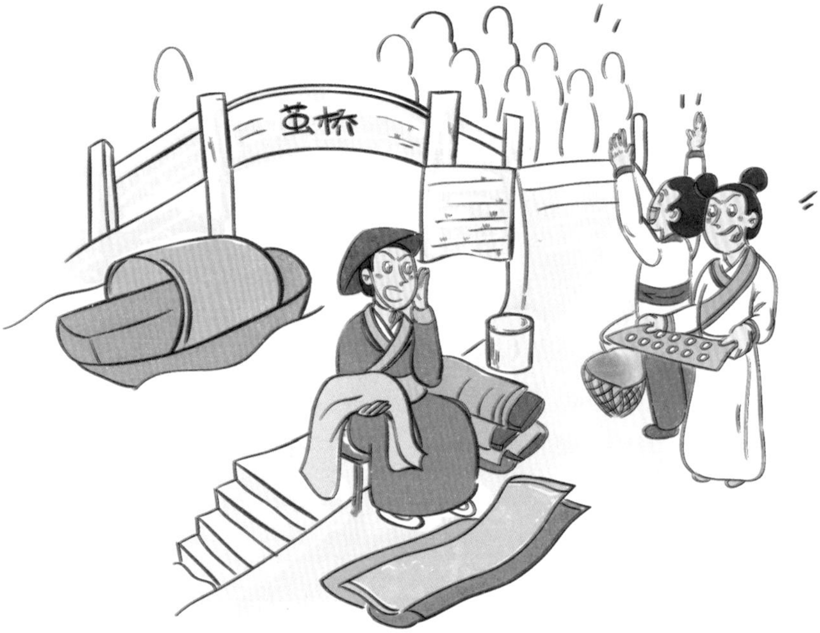
茧桥

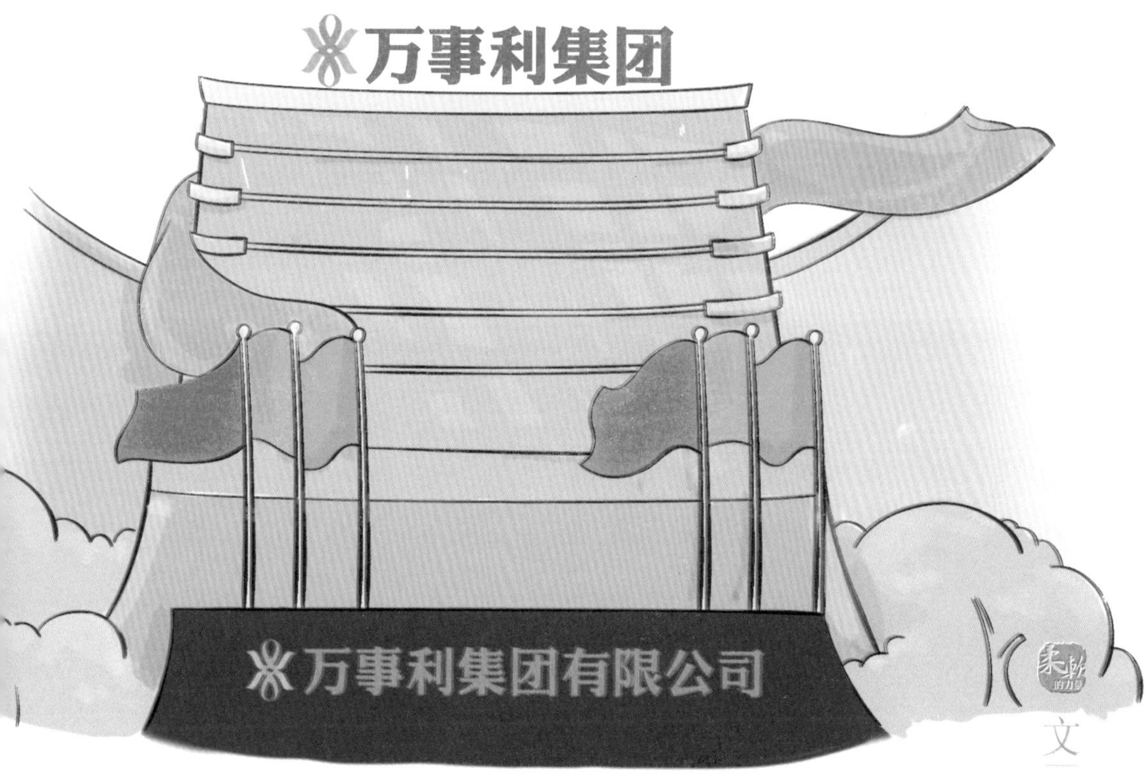
万事利集团
万事利集团有限公司

风雅篇

丝绸有一种与生俱来的风雅，琴棋书画皆以它为载体而更添风韵。诗词歌赋对其格外恩宠，无不用最美好词来形容它，而它又用来寓意世间最珍贵的事物，诸如清雅的女子、甜蜜的情感、美好的前程。

两厢厮守 情深意长

丝绸寓意和谐、吉祥、美好，江南的民俗中，跟丝绸有关的非常多。“两箱丝绸”的习俗，尤显韵味深长。

江南人家，若生女婴，便在家中庭院栽香樟树一棵，女儿到待嫁年龄时，香樟树也已长成。媒婆在院外只要看到此树，便知该家有待嫁姑娘，便可前来提亲。女儿出嫁时，家人要将树砍掉，做成两口大箱子，并放入丝绸，作为嫁妆，取“两厢厮守（两箱丝绸）”之意。

用两箱丝绸寓意“两厢厮守”，美妙而又温馨。除此之外，在婚嫁习俗中，用到丝绸之处还有很多，比如婚礼之时，新郎用一条红色的丝绸牵引新娘，丝绸中间打一个死结，表示两人永结同心。到民国时期，人们的结婚证书也都是写在织绣有精美、吉祥图案的丝绸上，以示两情相悦，和和美美，白头偕老。

江南人活在丝绸中，也为丝绸而活着。丝绸既是他们生活的依靠，也是他们幸福的寄托。

我同你一样大哦。

两箱丝绸，两厢厮守，
情定今生，哦也。。

玉帛之缘

“金石之盟”、“玉帛之缘”常被用来形容人与人之间的亲密关系。说起这两个词的来由，“玉帛之缘”比“金石之盟”要早上一千多年。

今人发掘距今四千多年前的良渚文化，在良渚和离它不远的钱山漾都发现了同时期的很多玉器和丝帛。专家分析，之所以将玉器和丝绸放在一起，是因为古人认为，玉器和丝绸都是能沟通天地的神物。

玉能成为祭神的礼器，是因为它的坚硬、美观和稀有，而丝绸能成为祭神的礼物，则在于它的柔软、美观和生产过程的神秘。

在丝绸出现之前，人类已经能用葛、麻等植物纤维制作衣料，但蚕在短短一生中要经历生命形态的数次变化：先是从虫卵变成小蚕，迅速长大数十倍，然后结茧成蛹，再化蛹为蝶，它的生命不停地轮回，生生不息。所以远古先民会认为蚕具有死而复生的能力，也就拥有了通神的力量。丝绸也因此成为能沟通天地的圣物，是祭司等权力阶层的专用物品。祭司举办重大仪式时，必然身披丝绸，手握玉器。

玉和帛，都是祭神的礼器，都是权力的象征，它们就像一对亲密的兄弟，对祭司而言，一样也不能少。

丝绸乃通天灵物也！
上品丝绸奉佛祖！

采桑罗敷 惊艳千载

一个与丝绸相关的姑娘能美到什么程度？浣纱的西施有沉鱼之美，自不必说。汉代有个叫秦罗敷的丝绸美人，她的美在两千多年后，每当提起，仍然让今人为之惊艳。

汉乐府诗《陌上桑》就生动描述了这个丝绸美人的绝代风华：罗敷很会养蚕采桑，她经常穿着精致美丽的丝绸服饰在城南采桑，赶路的人看见罗敷，会放下担子捋着胡子注视她；年轻人看见罗敷，就停下脚步，脱掉帽子，整理自己的仪容；耕地的人忘记了自己在犁地，锄地的人忘记了自己在锄苗；他们回家后埋怨自己的妻子，只因为看了罗敷的美貌。

这样生动而华丽的文字描述，已经将罗敷的外表美颂扬到了极致，但在诗人眼中，美人只有外表美，是不能与丝绸之美相得益彰的，因此诗的后半部，又描述了罗敷热爱夫君，拒绝一位位高权重的太守搭讪的场景。成功地塑造了一位外表美丽，心灵纯洁的采桑女形象，因此罗敷在蚕桑丝绸史上可谓最美采桑女！

附：

陌上桑

日出东南隅，照我秦氏楼。秦氏有好女，自名为罗敷。
罗敷善蚕桑，采桑城南隅；青丝为笼系，桂枝为笼钩。
头上倭堕髻，耳中明月珠；缃绮为下裙，紫绮为上襦。
行者见罗敷，下担捋髭须；少年见罗敷，脱帽著帩头。
耕者忘其犁，锄者忘其锄；来归相怒怨，但坐观罗敷。
使君从南来，五马立踟蹰。使君遣吏往，问是谁家姝？

“秦氏有好女，自名为罗敷。”
“罗敷年几何？” “二十尚不足，十五颇有余。”
使君谢罗敷：“宁可共载不？”
罗敷前致辞：“使君一何愚！使君自有妇，罗敷自有夫。
东方千余骑，夫婿居上头。何用识夫婿?白马从骊驹；
青丝系马尾，黄金络马头；腰中鹿卢剑，可直千万余。
十五府小吏，二十朝大夫，三十侍中郎，四十专城居。
为人洁白皙，鬑鬑颇有须；盈盈公府步，冉冉府中趋。
坐中数千人，皆言夫婿殊。”

西施浣纱

西施本是丝绸女，她出生在浙江诸暨一座小山村，既漂亮又聪明，她织的绸既薄又软，很受乡亲们喜爱，把这种绸称为纱。

西施还是个会打扮的姑娘，她织好纱，为了让姑娘们穿起来更漂亮，就用树叶、红果、桑葚、橘皮，弄出各种各样好看的颜色，染在纱上。这些颜色染上纱后，还要经过漂洗才可以上市，所以，西施每天都会在村边的小河漂洗染色的纱绸。

她在河边浣纱时，清彻的河水映照她俊俏的身影，使她显得更加美丽，成群结队的鱼儿都赶过来看西施，看到西施的鱼儿都说，这西施姑娘实在是太漂亮了。河里最漂亮的一条金鱼听说了，很不服气，这天一早，它赶到西施浣纱的码头早早等着，等呀等，总算把西施等来了，金鱼瞪大眼一看：妈呀，这姑娘比仙女还漂亮，我怎么能跟她比嘛。它一下子羞得全身通红，闭上眼睛，咕咚一声，沉到了河底。

后来，人们就因为西施浣纱这件事，称西施有“沉鱼”之美。

西施果然美若天仙啊，
我还是沉了吧！

织女与七夕

牛郎织女的传说是我国四大民间传说之一，也是在我国民间流传时间最早、流传地域最广的传说，相传天上织女与牛郎在鹊桥相会是在每年农历七月初七的夜晚，这天就被称为“七夕”。

但“七夕”节最早的时候有另一个名称，叫“乞巧”节，同样来源于牛郎织女传说，还跟丝绸有关。

传说织女每天都在天上织绸，她把织好的绸子铺在天上，就是瑰丽绚烂、变幻多姿的彩霞，早上铺的叫朝霞，傍晚铺的，自然就是晚霞了。

天上的织女很勤劳，地上也有千千万万的织女，像她一样终日劳碌。这些织女既勤劳又聪明，总想织出像彩霞那样美丽的丝绸，因此，每逢七月初七，天上的织女停了织机去银河与牛郎相会时，地上的织女们就焚香祷告，请求天上的织女传授更为精巧的织绸技艺，这种行为后来在江浙一带形成一个节日，叫“乞巧”节。

随着时间的流逝，千千万万地上的织女每逢七月初七必然祷告，只是祷告的内容不再只乞求织绸的技巧，更多的是乞求爱情婚姻的幸福美满。渐渐地，“乞巧”节变成了“七夕”节。

这就是古老中国的情人节。

织女，请赐予我们更高超的织造技艺吧！

千古一绝璇玑图

在中国的历史上，有一幅织锦作品号称“千古一绝”。它在八寸见方的锦缎上织就回文诗，可以正读、反读、起头读、逐步退一字读、倒数逐步退一字读、横读、斜读、四角读、中间辐射读、角读、相向读、相反读等十二种读法，可得五言、六言、七言诗数千首；每一首诗均悱恻幽怨，一往情深，真情流露，令人为之动颜。这幅作品就是“璇玑图”。

“璇玑图”出自晋代一名叫苏蕙的女子之手。她相爱至深的夫君移情别恋，这位痴情女子将思念、悲伤、愤怒化为一首首字字泣血的诗作，她将这些诗作进行绝妙编排，变成能循环吟咏的回文诗，然后将这些回文诗用五色丝线，织在八寸见方的锦缎上，她的夫君看到“璇玑图”后，为妻子的绝世才华所震撼，两人和好如初，成为一段佳话。

“璇玑图”流传到后世，又令无数文人雅士伤透了脑筋。一代女皇武则天，就对“璇玑图”着意推求，得诗二百余首。宋代高僧起宗，将其分解为十图，得诗三千七百五十二首。明代学者康万民，苦研一生，撰下《“璇玑图”读法》一书，说明原图的字迹分为五色，用以区别三、五、七言诗体，通过十二种阅读方法，竟得诗四千两百零六首。

“璇玑图”是一满腹才情的女子与丝绸碰撞出的奇葩，在情感、内涵、气势、花样和难度上都能称得上是千古绝唱，千百年来一直吸引着人们的关注，连东南亚都有好几个国家的学者研究“璇玑图”。

移情别恋的负心郎啊!

丝绸亦有梁祝情

在温州民间，至今流传着“瓯绸瓯绸，高机起头”的俗语，那里长期流传的一个故事，说的是丝绸行业里一段梁祝般荡气回肠的爱情。

相传明朝年间，温州平阳有个手艺高超的织绸艺人，名叫高机，他受雇于龙泉富商吴文达，在吴家织造瓯绸，吴文达的独生女吴三春善于刺绣，两人情投意合，引为知己。一年后，高机因母病要离开，两人在绣楼定情，但由于地位悬殊，不能结为夫妇，三春决定随高机私奔，两人乘小船到了江心屿，被率家丁赶来的吴文达抓住，高机被押送县衙，以“拐骗良家女子”罪判入狱三年，三年后高机出狱，为探听三春消息，他乔装卖绡客来到吴家，正逢三春次日就要出嫁。

吴三春恐父亲加害高机，故意装作不认识高机，只是命丫环将金银藏于麦饼，赠给高机。又引高机到厨下吃饭，在桌上摆两根葱、一只白鲞、一盘槐花、一件旧衣。

高机误以为吴三春变心，愤然离去，半路上在麦饼中找到金银，忽然想到吴三春在桌上摆的菜肴，其实就是一道哑谜：盘中放断头去尾的水葱，是说“一双水葱两头空，今生夫妻做不拢”，另一盘中放一只白鲞，那就是“白想白想白白想”，槐花和旧衣，就是说“槐花难染旧衣裳”，让他“情情义义都抛弃”。这才想到三春一片苦心，一时气急，竟然疯了。次日，吴三春的迎亲花轿经过，轿中的吴三春见高机疯疯癫癫，心痛如绞，用剪刀自裁于轿中。

高机和吴三春两人因织绸和刺绣而相爱，又因出身悬殊而不能相守，最后为爱殉情。这样的爱情悲剧，感动了千千万万的有情人。

郎有情！
妾有意！

此恨绵绵无绝期。

一袭红绸证清誉

浙江上虞属古越州辖区，这块土地上发生的梁山伯和祝英台的故事流传天下，这里还是丝绸生产的重要产区。当地世世代代的蚕农都认为丝绸是有灵性的物品，能附着人的灵魂和意愿。这一地区至今还流传着祝英台用红绸带打赌的故事。

相传，祝英台要到杭州去读书，她爹拗不过倔女儿，只好同意。不料英台的嫂子很不高兴，说道："男人读书能求功名，女人抛头露面跟男人在一起，传出去了会败坏门风呢！"

英台听了很生气，她解下随身的红绸带，斩钉截铁地说："大嫂，我跟你打个赌，我在地下埋好三尺红绸，三年回来如若这条红绸仍旧崭新，就说明我在外未辱门风，如若不然，回来时这条红绸带变黑灰！"于是祝英台当着嫂子的面，把红绸带埋在院子里，就头也不回地去了杭州。

她在杭州万松书院读书三年，女扮男装，与师兄师弟相处甚洽，还与师兄梁山伯义结金兰。

祝英台嫂子在家一心等着祝英台回来时出她洋相，每天把洗脚水倒在英台埋红绸的地方，想使红绸烂掉，哪知过几天这地方竟开出一株花来，煞是好看。她又用洗碗的热水浇这株花，反倒让花多开了几朵，朵朵鲜艳。

三年后祝英台回家，和阿嫂一起挖出那条红绸，一看，依旧簇簇新。证明英台未辱门风。

三年后若红绸崭新如故，
证明我未辱门风。
崭新

兰亭茧纸入昭陵

纸是我国四大发明之一，最早源于丝织品的下脚废丝，以及漂絮时留存的丝屑纤维所制成的一种薄绵片。一位有心的丝绸人发现这种絮片能够写字，并且比纯丝帛要便宜，因此加以运用，并取名为“纸”，但是这种絮片强度不够，于是人们又发明了一种新的纸，将碎的、断的丝纺织起来，称为茧纸。茧纸质地坚韧，光滑细白，十分名贵，当时为王公贵族所用，主要用于书画。号称中国第一行书的《兰亭集序》就写在茧纸上，北宋苏轼《孙莘老求墨妙亭诗》中就有“兰亭茧纸入昭陵”的句子。

关于兰亭茧纸入昭陵的事，还有一个有趣的故事。

《兰亭序》相传是由晋代大书法家王羲之在半醉半醒之间，泼墨写就，酒醒后的王羲之又写过几次，却再也写不出这样的神韵。因此成为王家的传家之宝。谁知传到第七代时，这位王家子孙在浙江绍兴永欣寺出家当了和尚，他临终时，将《兰亭序》传给徒弟辨才和尚。

《兰亭序》又是如何落入唐太宗手里的呢？据《太平广记》收何延之的《兰亭记》中记载：至贞观中，太宗锐意学二王书，仿摹真迹备尽，唯《兰亭》未获。后访知在辨才处，三次召见，辨才诡称经乱散失不知所在。房玄龄荐监察御史萧翼以智取之。萧翼隐匿身份，乔装潦倒书生，投其所好，弈棋吟咏，论书作画成忘年交，后辨才夸耀所藏，出示其悬于屋梁之《兰亭》真迹，《兰亭》遂为萧翼乘隙私取此帖长安复命。太宗命拓数本赐太子诸王近臣，临终，语李治：“吾欲从汝求一物，汝诚孝也，岂能违吾心也？汝意如何？”于是，《兰亭》真迹葬入昭陵。

一幅绝世逸品书法，托身于丝绸，得以传世。可惜唐太宗爱之过切，将其视为私物，使后世失去了观瞻真品的机会，千万文人墨客，引以为憾。

兰亭序

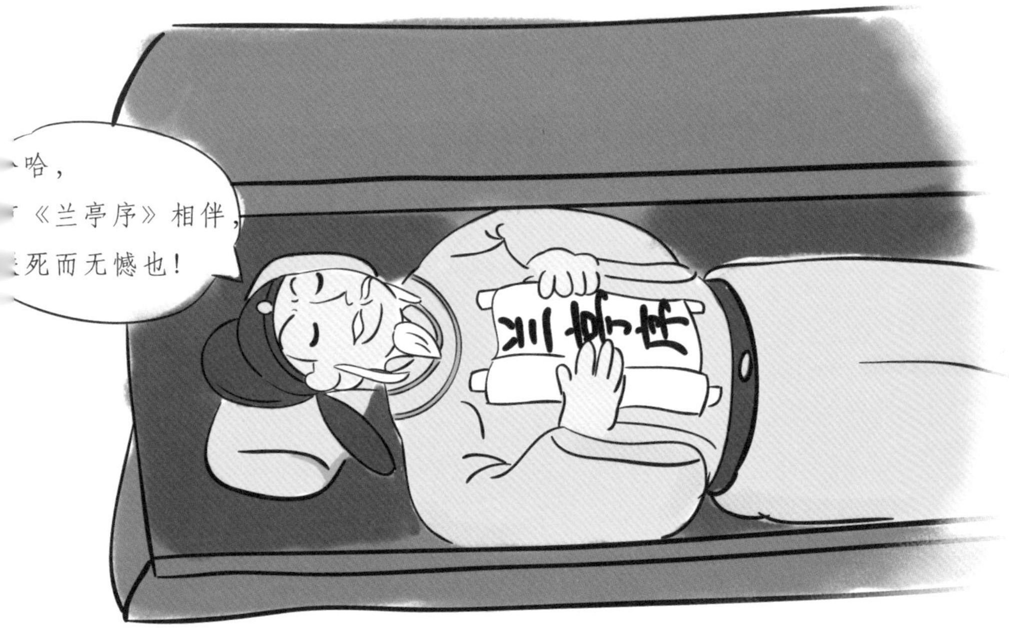
哈，
《兰亭序》相伴，
死而无憾也！

皇后题注耕织图

1984年，大庆市文物普查时发现了一幅《耕织图》，专家惊喜发现，这幅图有宋高宗宪圣吴皇后亲自在上面作的题注，为传世最早的《耕织图》。

这幅《耕织图》的来历，先得从宋朝鼓励农桑的制度说起，为了给天下起表率作用，从北宋开始，每代皇后都会带着一大帮宫女在宫里植桑、养蚕、缫丝，有些兴致高的皇后，还会亲自在宫中织绸。迁都临安后，这一制度得到了强化，蚕桑业得以继续繁荣。当时的於潜县令楼铸，感念百姓蚕桑劳作之苦，几经辛劳，绘制成《耕织图》，上呈朝廷。宋高宗看后很是欢喜，并将《耕织图》传示后宫。

这《耕织图》共有耕图21幅，织图24幅，每幅图都配有八句五言诗一首。图传到后宫吴皇后手中，这吴皇后颇有才学，又一直在宫中养蚕缫丝织纱，很有生活基础，就命画院的画工临摹此图的蚕织部分，把她认为不妥的部分让画家进行增删，然后亲自为画中内容作了题注。

后来，又出现了各种版本的《耕织图》，由于楼铸的《耕织图》已经失传。吴皇后题注的这幅《耕织图》最为名贵，是中国历史上难得的艺术珍品。

吴皇后我亲自题
注的耕织图哦!

丝绸结缘《红楼梦》

《红楼梦》是我国四大名著之一，在中国文学史上有着极高的地位。它的作者曹雪芹跟丝绸有着不解之缘。从康熙二年曹雪芹的曾祖曹玺开始，曹家一门三代，共四人任江宁织造府督理之职，前后达64年。康熙六下江南，到南京五次住在江宁织造府。康熙五十年，曹雪芹出生在江宁织造府。

江宁织造主要织造御用锦缎，朝廷当时对丝绸的重视，到了空前的高度。出任织造府督理的，是自己的亲信，一应事务可以用密折直接向皇帝汇报。织造府因此也成为当时南京最高级别的社交场所，社会名流都云集此地。

江宁织造府到了曹雪芹的祖父曹寅手中，他把丝绸与文化的融合发挥到了极致，四方文士都汇集到了他的风雅之下。有一年，曹寅邀请江南名士洪升带戏班子到织造府演出他创作的戏剧《长生殿》，洪升在江宁织造府一直演了三个多月，与曹寅结成莫逆之交。

洪升出身杭州世族大家，他在青年时弃家出走，流落到戏班，以演戏为生，这与《红楼梦》中宝玉的结局十分相近。更有趣的是，洪升在杭州正好有十三个表姐妹，个个才艺卓绝，诗艺过人，其中大表姐徐灿主持蕉园诗社，号称“清初第一女诗人”，她的经历，与《红楼梦》中李纨的经历如出一辙。

有专家考证，洪升和他的十三个表姐妹的故事，给曹雪芹留下了非常深刻的印象，再加上后来他自己的身世也发生重大变故，最终促成了他创作《红楼梦》这部不朽名著。

江宁织造府
雪芹生于此也！

民俗篇

丝绸不仅贯穿着我国劳动人民的一生，对于各地风俗文化的形成也起到了不可估量的推动作用。丝绸民俗文化不仅仅是蚕桑业兴盛地人民共同的记忆，也是整个中华民族的文化奠基。

杭州俚语隐丝绸

杭州俗语中，有一句非常有名，叫“杭铁头刨黄瓜儿”。这句话很有来历，而且跟丝绸很有关系。

有些外地人会戏称杭州人为“杭铁头”，杭州人有时也戏谑地说自己是“杭铁头”，而杭州方言里的“刨黄瓜儿”，就是宰客的意思。

“刨黄瓜儿”最早的说法是“剥黄褂儿”。杭州话称呼马甲叫马褂儿，长衫马褂儿。这马褂儿颜色要是黄颜色就表明这人与当今皇上沾亲带故，是皇亲国戚。

辛亥革命后，皇帝被赶出皇宫，那帮平时耀武扬威的皇亲国戚气焰消了很多，有些在京城混不下去，就迁居到杭州。这些人过惯了花天酒地的好日子，到了杭州也没改这脾气，到处摆阔，讲排场。

有一次，一位从京城来杭州的八旗子弟到一家饭店胡吃海喝，付账时却拿不出银子，饭店老板见他身上穿的“黄马褂”是高档丝绸做的，十分华贵，就把他身上的黄马褂剥了下来。这位被剥了黄马褂的八旗子弟，后来逢人就讲，提醒旗人子弟当心“杭铁头”，他们会剥黄褂儿的。

久而久之，“杭铁头剥黄褂儿”的俗语就流传开了，时间一长，剥黄褂儿变成了“刨黄瓜儿”。

这就是“杭铁头刨黄瓜儿”的来历。

杭铁头扒了我的黄褂儿！

西施送蚕花

相传,西施远嫁吴国时，整个越国的人都很舍不得。送行西施的队伍每经过一地，当地的老百姓都扶老携幼列队为西施送行，整个队伍走走停停，每往前走一步，西施对家乡的留恋便多了一分。

这天，队伍来到德清一个名叫新市的地方，送行的百姓渐渐散开，西施掀开轿帘，望着官路两旁绵延不尽的桑林，想起自己在家乡采桑养蚕的逍遥日子，不禁发出一声叹息。

这时，正在桑林采桑的十八位姑娘，看到了轿里的西施就要离开越国，流下了热泪。有个姑娘说：“西施姐姐，我们没有东西好送你，就为你跳一曲采桑舞吧。”她说完，姑娘们就排在西施的轿前，为西施翩翩起舞。

采桑姑娘们深厚的情意和曼妙的舞姿，把西施深深感动了，她走下轿子，含着热泪，把插在头上的绢花取下来，插在领头的姑娘头上，说：“妹妹们，我也是蚕桑女，这朵绢花会保佑你们的蚕桑年年丰收。”

西施走后这一年，德清新市的蚕茧收成果然特别好。人们都说，今年的蚕茧丰收，是西施姑娘送来的。为了纪念这一天，人们每年这个时候都会聚在一起，带上绢花，载歌载舞，久而久之，就成为杭嘉湖地区非常著名的蚕花节，至今已举办千年之久，极少停顿。

新市姑娘的头上，每人会插一朵绢制的小花，因为来源于西施送的绢花，这绢花就叫蚕花。

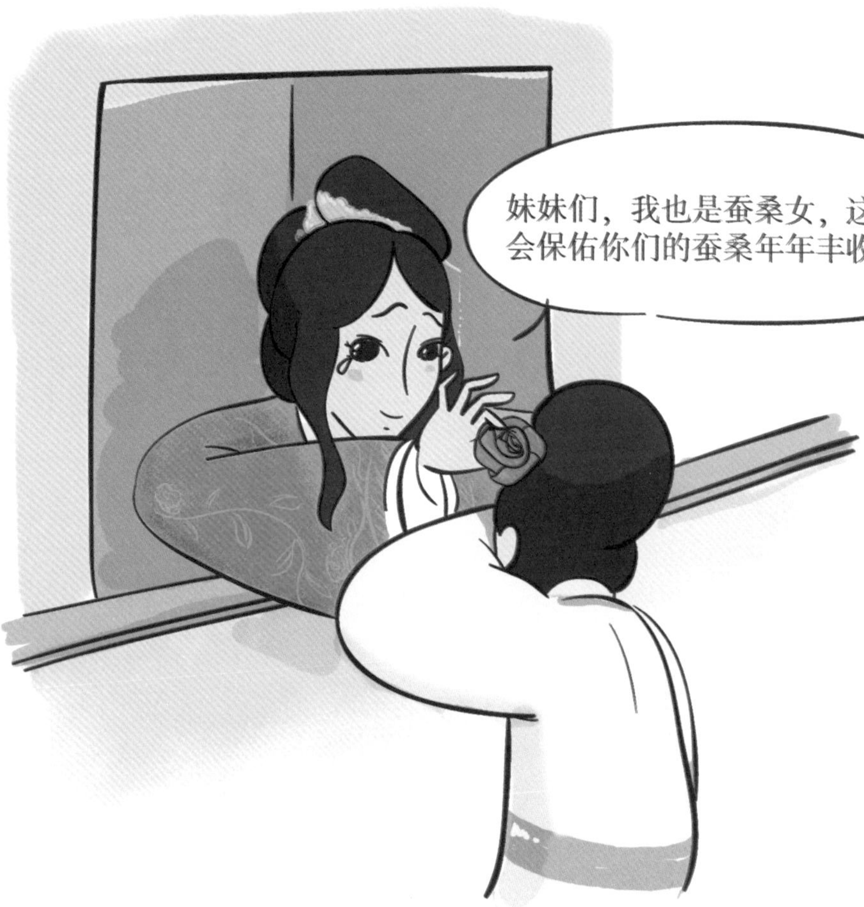
妹妹们，我也是蚕桑女，这朵绢花
会保佑你们的蚕桑年年丰收。

隐世夫妻织“濮绸”

濮绸是桐乡濮院出产的传统丝绸产品，它是我国历史上著名的丝绸之一，有天下第一绸之称。这个名称的由来，有一个故事。

相传，春秋时期，越国战胜吴国后不久，桐乡濮院迁来一对夫妻，住在镇南龙潭漾口女儿桥畔的一幢小楼里，他们深居简出，言语不多，每天一早，妻子会推开窗口，对着龙潭漾的流水梳妆打扮，丈夫每天在丝帛上作画，设计丝绣图案，妻子等丈夫画好样子，便对着画样在织机上飞梭引线，织造锦缎。他们织出的锦缎绚丽多彩，令人眼花缭乱。濮院虽然盛产绫罗绸缎，却没有人能织出如此漂亮的锦缎来，一时间，镇上的织绸艺人纷纷登门拜访，这对夫妻对每位客人都以礼相迎，只要是请教织绸技艺的，一一悉心传授，人们按照这对夫妻的指点，都织出了精美华贵的丝绸，这些丝绸很快风行天下，被称作“濮绸”。

不久，越国京城来了位黄衣客人，在这对夫妻居住的小楼前张望好一阵子，还买走一匹他们织的濮绸。半个月后，这位黄衣客人带着一队人马，吹吹打打来到这对夫妻居住的小楼前，高声喊道：“宣范蠡大夫和西施姑娘进京！”想不到的是，这幢小楼不知何时已经人去楼空了。

濮院人终于知道，传授他们织绸技艺的，是隐居在此的范蠡和西施。

宣范蠡大夫和西施姑娘进京。

"缉里干经"有来历

明清时期，"湖丝"天下闻名，湖丝里最好的，是"缉里丝"，也有叫"七里丝"的。但业里人多称"辑里丝"为"缉里干经"。说起它的来历，还有一个故事。

相传，离湖州南浔镇不远有个叫缉里的村子，村里有个男人替镇上丝行老板打工。一天，男人负责运送一船生丝回店里，遇到狂风翻了船，整船丝全泡了水。蛮横老板硬要他赔一船好丝。

男人无奈，只好把一船湿丝摇回缉里村，运到家里。他贤惠的妻子不但没埋怨他，反而替他烘烤衣服。衣服能烘干，那生丝呢？聪慧的妻子灵机一动，将生丝拆散，摆在纺车上一根根重新绕过，绕的时候纺车下放一盆炭火。夫妻两人烘了一夜，把一船打湿的生丝全部烘干了。烘干后的生丝粗细均匀，更为光洁柔韧，老板看了非常满意，不仅原谅了他的过错，还专门出钱开设工场，让男人用这种办法加工土丝。

不久，用这种办法加工的生丝名声大噪，连外国人都慕名而来。因为这种丝是这个缉里村的男人制造的，因此被称为"缉里丝"，"缉里丝"在织绸时都是用来作经线，再加上它是湿了的生丝纺干的，后来就叫"缉里干经"。

哇，这样处理过的生丝竟然更加洁白坚韧！

含情少女轧蚕花

上古时期，先民希望生命能世代繁衍，绵延不绝。这种理念体现在生活的方方面面，在蚕桑活动中也有它的踪影，甚至到了近代，仍有希望生命繁衍理念的痕迹。

蚕花节是杭嘉湖地区每年一次的重要节日，也是每年养蚕活动的开场戏。这一天，杭嘉湖地区的蚕农会从四方八方汇聚到附近的寺庙，祭蚕神、逛庙会、轧蚕花。但轧蚕花最热闹的地方，要数德清的含山，方圆几十里的蚕农从四面八方挤到这块弹丸之地，人潮如涌，人们兴高采烈地挤来挤去，因为大家都认为，人越挤，今年的蚕花就会越旺。

这天来轧蚕花的，除了一些虔诚的老人，主要是未婚的姑娘和小伙。来轧蚕花的姑娘，胸口都会佩戴一朵蚕花，而小伙子们看到了，可以放肆地在姑娘们身旁挤来挤去，甚至大胆地把姑娘胸口的蚕花摘下来，这样做不仅不会吃耳光，姑娘还会在心里暗暗感激他。因为如果哪位姑娘没人理睬，胸襟上完整地带着蚕花从蚕花节回来，那她是没有资格在当年当蚕姑的。而胸口蚕花被摘走的姑娘，蚕神会保佑她家的桑蚕大丰收。

嘻嘻，闺女的蚕花被摘走了，今年蚕茧肯定大丰收！

100

一张蚕花定姻缘

在杭嘉湖蚕乡，人的一生都要与蚕花相伴，婚礼上更是离不开蚕花。

海宁一代的青年男女定亲时，女方要把一张蚕种或几条小蚕作为定亲的信物送到男方家，未来的婆婆要穿了红绸的丝绵袄去接这些信物，叫“接蚕花”。到了婚礼时，女方陪嫁物里要有两棵小桑树和一棵万年青，一到男方家就要当场栽下，此外还要送蚕火、发篓、淘箩、火钳等养蚕工具。

桐乡“讨蚕花蜡烛”的风俗，颇为有趣。男家会事前预订好一大批红蜡烛送到女家，迎亲这天，女家村坊邻居就纷纷拿只盛了大米的斗，到女家讨蜡烛，新娘子的父母当众分送，每户两支，也有家底厚的，就允许抢的，抢得越多，蚕花会越旺。拿到红蜡烛后，拿回家插在米里，点燃后供在正间，直至燃尽。然后把米堆上沾了蜡烬的米收起来，用纸包好，放在神龛里。而当新娘被接到新郎家门口时，新郎和主持人会向四周撒一些钱币，叫“撒蚕花铜钿”，喜娘这时会唱蚕花茂盛的喜庆歌。

在桐乡河山乡一带，婚礼中还有一种“经蚕肚肠”的风俗，婚后第二天，堂屋放上四张椅子，围成一圈，由喜娘手持染红的丝线，领着新娘绕着椅子转圈，将红丝线绕在椅背上，经，就是织的意思，经蚕肚肠，就是缫丝。这是一次象征性的缫丝劳动。

在湖州，新娘子婚后第一次回娘家前，要“点蚕花”，将嫁妆衣箱的钥匙交给婆婆，一起开箱清点陪嫁来的衣物。

在嘉兴，新娘子到婆家的第一年，要独立完成养好一张蚕种的蚕，以接受考验。收成的好坏会决定她在村人心目中的地位，这叫“看花蚕”。

一张蚕种定姻缘！

望蚕讯

“望蚕讯”是杭嘉湖地区的一种风俗：蚕农在春蚕养到一定程度后，亲戚间要相互探访，询问蚕茧形势。这种风俗的形成，来源于一个让人倍感温馨的民间故事。

很早以前，桐乡有个叫阿三的老汉，他早先死了妻子，自己拉扯大儿子，因家里没有女人，不能养蚕宝宝，心里很难过。

日盼夜盼，好不容易盼到儿子娶了媳妇，谁知新媳妇娘家没养过蚕，阿三心里凉了半截。新媳妇很懂事，对阿三说：“阿爹，我们家也看几张蚕宝宝吧，不会我就向别人学。”

就这样，阿三家也养起蚕宝宝来了。

新媳妇是个勤快乖巧人，人家采叶她也采，别人喂蚕她也喂。不知不觉到了蚕宝宝上簇的时候，阿三老汉左邻右舍走了一圈，见自家的蚕宝宝长得跟别人家的差不多，这才放下心来。

新媳妇学着别人家做法，给蚕宝宝上了簇，并将蚕房大门小窗全部关紧，用纸将门缝糊得密不透风。再三叮嘱，不可打开门窗。

刚上簇第二天，新媳妇的亲爹来看女儿了，给阿三送上礼物，说：“听说女婿家养蚕，特来望望蚕讯。”阿三喜上眉梢，吩咐媳妇做饭，自己上街打酒去了。

亲家公从没见过蚕是啥模样，趁女儿在灶间忙活，就到蚕房，打开边窗，看了个仔细。离开时却忘了将窗关上。

直到傍晚，阿三老汉送走亲家，回来见蚕房边窗开着，料定蚕宝宝被吹了一天，心中闷闷不乐。

谁知采茧那天，阿三老汉打开蚕房，发现蚕簇上一片雪白，茧子结得又大又结实，比左邻右舍的都好。

人们都说：“阿三老汉家蚕花丰收，准是跟他亲家来望蚕讯有关。”

从此，亲戚家来“望蚕讯”的风俗便传开了。

蚕茧大丰收，只因
亲家公推窗看过？

蚕农清明大如年

世世代代的蚕农都有自己的精神寄托，在他们心中，蚕桑从来就不是一件简单的事，想要蚕茧丰收，除了个人的养蚕技艺，还要靠上天的恩泽庇佑。国运盛，则蚕桑盛；上天眷顾，则蚕茧丰收。

清明节是蚕农开始养蚕的日子，所以杭嘉湖蚕乡的重要节日，除了春节，就数清明，且一直有“清明大如年”的说法。

清明节这天，除了上坟祭祖，还有“祛蚕祟”、“扫蚕花地”、“轧蚕花”等各种活动，尤其是轧蚕花，简直就是蚕乡的狂欢节。

祛蚕祟在清明前一天，要通过挑青、赶白虎、画灰弓和贴门神等仪式来驱除危害蚕宝宝的蚕祟。那天晚饭必有一碗螺蛳，但螺蛳不能剪掉屁股，也不能用嘴吮，得挑出来吃。据说这样能让躲在螺蛳壳里的蚕祟无处藏身。

扫蚕花地是蚕家请行乞艺人来家里表演，表演者一般为女性，着红袄绿裤，在小锣小鼓的伴奏下，一边舞动扫帚，一边唱着祝愿蚕花丰收的歌。

轧蚕花盛会有成千上万的人挤来挤去，以前还有未婚姑娘被摸乳的习俗，此外龙舟竞渡（也叫踏白船）是重场戏。擂台船上，各路拳师或表演拳术或舞刀弄棒；标杆船上，粗壮的毛竹高高竖起，爬杆者在上面表演各种惊险的杂技动作；赛快船则是紧锣密鼓，破浪前行，气氛特别热烈。

现在，含山轧蚕花已经发展成为闻名中外的含山蚕花节。

天灵灵，地灵灵，
各路神仙保佑
蚕花大丰收！

朝山进香祈蚕桑

每年清明前后，苏南、浙北等地的蚕农会到杭州朝山进香，她们以中老年蚕妇为主，每年都有40万人以上的人参加，是杭州每年一次的风景线。

这些从四方聚集的蚕妇到了杭州后，有比较固定的活动路径和内容。

她们往往以村为单位，统一包一辆车，或是租一条船，直接到杭州。每人身上斜挎只印着“朝山进香”字样的黄包，头上插一支艳艳的绢花，有的人还穿传统的斜襟大褂，一般都是集体活动，极少个人单独活动。

朝山进香的人群一般以西湖为起点，沿着湖滨往山里走，走的都是山间小道，一队队人马在西湖群山的山间小道蜿延起伏、络绎不绝。一队人马经常会遇到另一队人马，但行动井然有序，互不干扰，不论是相向而行或是并排前进，都是秩序井然。

一路上只要遇上寺庙，她们必会进去上香，但净寺和灵隐这两座寺庙，那是一定得去的，到庙里进了香，拜了菩萨，浑身都得了劲儿。

很多地方的蚕妇拜好庙后，还有最后一站，就是到岳庙，到了岳庙还有一件事必须做，就是到永远向百姓下跪的四个铁人跟前，找到那个王氏，摸一把王氏的乳房，再心满意足地离开。据说摸了王氏乳房后，当年的蚕茧一定会有好收成。

看，前面就到灵隐寺了。

菩萨保佑今年
蚕茧收成大大的好。

懒惰阿娘翻丝绵

20世纪七八十年代，湖州人以丝绵翻得好闻名江南，那时常常能在上海、杭州、苏州等城市的电线杆上，看到贴着的“湖州人翻丝绵”的广告，一张张花花绿绿的纸头，显示着湖州人在翻丝绵技术上的自信。

丝绵是用次一等的蚕茧，煮熟后，将茧壳丝绷在一张弓上晒干而成。拉丝绵要靠手指上的功夫，还要两人合力相对拉扯，拉得好的丝绵，不论是前襟、后身、袖管，都能拉得薄如蝉翼，非常均匀，再一层层叠起来，穿在身上非常柔软舒服。

但丝绵有一个毛病，就是不能经水洗，洗棉袄的时候，得把里面的丝绵掏出来，只洗外面的衣壳，丝绵时间长了会并紧，如果重新翻一次，再加点新丝绵进去，就能继续保持轻柔保暖的特性。

那些能拖一年是一年，老是不把丝绵拆洗重翻的妇女，坊间会戏称他们为“懒惰阿娘”。

湖州当地，一直流传着一首讽刺“懒惰阿娘”的顺口溜，听来十分有趣生动：

西北风一发
懒惰阿娘一吓
懒惰阿娘勿吓
好得旧年勿曾拆
拍一拍就好着（穿）

现在技术发达，以前需要不时翻洗的丝绵袄、丝绵被早就被免翻、免拆洗的丝绵袄、丝绵被替代了。“懒惰阿娘”这个称谓，也从生活中渐渐消失了。

快来看这个懒惰阿娘。

丝绸造富豪

杭嘉湖地区历来富庶，到了清朝末年，杭嘉湖可谓富甲天下。仅湖州南浔这么一个小镇子，当时就有四象八牛七十二金狗之说，用来形容当地不同级别财力的富豪。

这些人皆是豪绅大户，但让他们发家的，却是同一件东西丝绸。

湖丝质地洁白而有光泽，富有弹性，清末开关以来，受世界各国丝绸商人的钟爱，光在欧洲市场上，就占有三分之二的份额。当时只要能跟在上海做生丝生意的洋行搭上关系，就能发财。

“发洋财”这个说法，就是从这里起源的。

当时洋人懂中文的不多，跟中国人打交道，要靠通事（翻译）。从事丝绸贸易的通事，叫丝通事。当时，上海滩上所有丝通事的家人，或是有密切关系的亲戚朋友，都能跟着发财。南浔的四象八牛七十二金狗，每家每户都能与丝通事搭上关系。

四象分属刘、顾、张、庞四家，又有刘家的银子、顾家的房子、张家的才子、庞家的面子之说。其中，张家二房老二张静江，早年参加同盟会，给同盟会提供巨额捐款，后为国民政府常务委员，当选过国民党中央政治会议主席，出任过浙江省政府主席等职，是国民党四大元老之一。

汤姆先生，这批丝绸非常精美哦！

俺曾经也是个丝通事

丝绸服饰活化石

今天的贵州，仍然聚居着一支与众不同的汉族群体屯堡人。这里的人过着与世隔绝的生活，时至今日依然恪守着其世代传承的明朝文化和生活习俗，历经600年的沧桑，形成了今天独具特色的“屯堡文化”。尤其是屯堡妇女的服饰，是民风民俗考古考察和游览观光的活化石，是活着的历史。

屯堡服饰的主要特征是宽衣大袖，大衣袍长及膝下。领口、袖口、前襟边缘皆镶有流绣花纹，腰间以两端垂于膝弯部的织锦丝带系扎。因为屯堡及其周边是贵州重要的蚕茧产地，因此屯堡服饰中可以看到无所不在的丝绸元素，这也是屯堡服饰的珍贵之处。

屯堡妇女的服饰颜色主要以蓝、绿、藏青、藕荷色为主，却绝少有红色的。只有在结婚的时候，新娘才穿一次鲜红的丝绸嫁衣，而这红嫁衣的风采也就成了屯堡妇女一生种记忆深处的经典风景，那是她们一生中的幸福极致。

屯堡人是700多年前，从南京过来的屯兵后代。当时，西南地区元朝的藩王作乱，朱元璋派出30万大军征讨，平定叛乱后，这30万大军就留了下来，屯田驻防，又将留戍者的父母妻子儿女全部送过来，后又迁入大批商贾、犯官、工匠，实行大规模屯田制。军队的居住地称为“屯”，移民的居住地称为“堡”，他们的后裔就叫做“屯堡人”，现在，贵州安顺一带农村有近40万屯堡人。

这么原汁原味的明朝服饰？？

俺们就是屯堡人的祖先哦。

畲家丝带送情郎

畲家男女用丝带传递爱意，由来已久。丝者，思也，丝绸寄托着少男少女纯真而又美好的向往。

畲族是个热爱丝绸的民族，畲族姑娘个个心灵手巧，女孩长到七八岁，当娘的就开始教她织彩带，彩带可以在家拴在凳脚织，也可以在野外拴在树枝上织，可以说走哪儿能织到哪。看似简单，但织法却非常有讲究，一般用红绿黄紫彩色丝线作经线，与白色丝线相间，经的根数视彩带的宽窄而定，越是手巧的姑娘，织的根数自然越多。织带上，还得织上精美的花纹和文字，像“福寿双全”、“金玉满堂”这些复杂的汉字和精美的花枝纹饰相结合，真是美仑美奂。

这彩带织得如此考究，全因它关系着姑娘的终身幸福。

首先是男女相识。如果姑娘看上哪位小伙子，就偷偷塞给这小伙一根自己织的彩带，小伙便知道她的心思了。如果姑娘胆子大些，直接把彩带束在小伙子腰上，这小伙就像套上勒头的小马驹，多半脱不了姑娘的手心了。

其次是婚礼礼节。畲族对办婚礼的礼节要求很高。男方要在定亲日，把定亲礼送来时，女方的回礼除了白糖、桔饼等物品，一定还要有姑娘亲手编织的两条彩带，所以彩带又叫定亲带。

呵呵，看来这辈子逃不脱啦！

人生一世红绸包

杭嘉湖平原一直是中国丝绸的主产区，在民间，丝绸不仅是高档的衣料，也是能避凶趋吉的吉祥物。红绸无处不在：建屋上梁用红绸，开店挂匾挂红绸，婚庆礼担搭红绸，夫妻拜堂牵红绸……

红绸的用处十分广泛，单说用红绸做的小包（也就是后来通称的红包），在杭嘉湖地区，几乎每个人都会用到它。

当一个人离开娘胎，呱呱坠地时，主家要送给接生婆一个红绸包，里面装的是接生婆的辛苦钱，红绸包着有除污秽，讨喜庆的意思；婴儿三朝命名时，长辈要塞一个放着小铜钱的红绸包在婴儿胸前，晚上再取出来压在枕下，或是系于床脚，据说此包能镇住病魔恶鬼；婴儿满月剃头，一定会给剃头匠送一只包着辛苦钱的红绸包；以后孩子每长一岁，长辈都要送一只红绸包，名叫压岁包，因为这包一般在过年时送，所以也叫压岁钱。后来孩子上学、拜师学艺、开业、造屋、婚嫁，都要送红绸包。过去还有个说法，说是人在四十岁以后，身上的阳气减少了，这时送上一个红包，能添身上的阳气，增加阳寿。所以每个人从四十岁开始，每隔十年要做一次寿，亲朋好友都要给寿星送上红包，添福添寿；就连人寿终正寝时，亲属都会在死者口中含一个放着铜钱的小红包，让死者能留着一点点阳气，以便于亲人相通，让亲人为他置办在阴间的一应物品。

一个小小的红绸包，人一辈子都离不开它。

小小红绸包，
感谢您接生！

恭贺王员外
四十大寿

丝绸扎彩头 年年万事利

在漫长的光阴中，丝绸以其柔软而持久的力量，温润地渗透到百姓生活的每一个角落。经常被老百姓挂在嘴边的“彩头”，原来也缘于丝绸。过年时大家都喜欢讨彩头，都说有了好彩头，一整年都会事事顺利。按现时的说法，就叫“今年好彩头，年年万事利”。

“彩头”这个词，说起来挺有来历。

宋朝时候，不少士大夫由于交游广泛，若在大年初一四处登门拜年，既耗费时间，也耗费精力，而且很多人根本就跑不过来，于是有人就想了个办法，把梅花笺纸裁成二寸宽、三寸长的卡片，上面写上受贺人姓名、住址和恭贺话语，派家里的仆人一家家送过去。为了显示吉利，会在卡片上缀一朵用红绸扎成的小花，这卡片就叫“彩头”，送这卡片上门，就叫“送彩头”。

当时的大户人家会在家的大门前贴一红绸袋，上写“接彩头”或“接福”字样，送彩头的人将彩头放进这个红绸袋，就算完成任务了。但谁家送了彩头，也不能是一本糊涂账，所以大户人家还会在门房再设一个“门簿”，记录送彩头的客人情况，每家门簿第一页，首先要先写上虚拟的四个“亲到者”：一曰寿百龄老太爷，住百岁坊巷；一曰富有余老爷，住元宝街；一曰贵无极大人，住大学士牌楼；一曰福照临老爷，住五福楼。这又叫“讨彩头”或“讨口彩”。

后来，随着时代变迁，送彩头的方式渐渐发生改变，而送彩头、接彩头、讨彩头的说法，仍然在中国民间流传。

不错不错，丝绸
好彩头，年年万事利！
今年好彩头
年年万事利

名人篇

每一个东方人，不论男女，都有一种深深的丝绸情结，其中许多名人，他们的身份、行业不同，但相同的是都与丝绸有着不解的渊源。他们喜欢丝绸、理解丝绸，是丝绸的知己。

圣人丝线穿明珠

中国历史中，女性能参与制作生产的物品并不多，而贵比黄金的丝绸，却是女性参与最多，并对其发展起着决定性作用的物品。因为丝绸的珍贵，所以从事采桑织绸的女性，在古人心目中，不仅是美丽的化身，更是充满智慧的代表。

《冲破传》中就记载着这样一个故事：

孔子周游列国，带着徒弟离开卫国到陈国，路上看见两个采桑叶的姑娘，孔子作了一句诗：南枝窈窕北枝长。

这是形容两个姑娘的身材长相的。没想到他才说了一句，姑娘们马上续了三句：夫子游陈必绝粮，九曲明珠穿不得，转来问我采桑娘。

孔子没太在意，他们一行人到了陈国，被陈国的大夫派兵围住，不让走。围他们的人送来一个“九曲珠”，珠子的两孔不在一条直线上，并且多曲折，说谁要能用丝线穿过珠子，就可以放人。

孔子办不到，想起采桑姑娘的诗，就派颜回、子贡回去向采桑女请教。到了姑娘家，家人告诉他们，说姑娘外出，随后送上一个瓜来。子贡聪明，看破了哑谜，说：“瓜，里边有子，岂不是姑娘在屋内吗？”话音刚落，姑娘出来了，说：“要穿九曲珠子，需要把蜜涂在蚕丝上，再把蚕丝系到蚂蚁身上，蚂蚁走过珠子，蚕丝就跟着穿过去了。”子贡又问：“蚂蚁要是不肯走呢？”姑娘说：“就用烟熏。”

子贡和颜回回来一说，孔子用这个办法，果然将丝线穿过了九曲珠，结束了在陈国绝粮七日的受难生活。

南枝窈窕北枝长。
夫子游陈必绝粮，
九曲明珠穿不得，
转来问我采桑娘。

刘邦巧借丝绸立朝规

中国等级划分采用最早，也是最有效的方法，是使用服饰将人分为三六九等。汉高祖刘邦，也曾巧借丝绸，建立了朝廷的规矩。

刘邦称王后，一大帮跟他出生入死的穷朋友，倒是不把他当外人，在朝堂上横躺竖立，蹦蹦跳跳，跟他说话也是咋咋呼呼的，没大没小。刘邦心里不痛快，但对这帮兄弟一点辙也没有。

这时，有个叫叔孙通的文人对刘邦说："我有个主意，能让这些人守规矩。"刘邦一听，觉得有道理，就按叔孙通的主意安排下去。

他先在朝堂上摆了很多垫子，刘邦的这帮兄弟上朝的时候，他吩咐这些兄弟坐在垫子上，这帮人坐上去一试，这垫子柔柔软软的，坐着蛮舒服，一看，原来这垫子是丝绸做的。接着，叔孙通又给他们量体裁衣，给每人订做了一套非常华贵的丝绸礼服，把他们身上粗麻乱布做的衣服全给换了下来。

第二天上朝的时候，果然弟兄们一个个玉树临风，腰杆挺得笔直，连弯个腰都小心翼翼的，生怕把身上的丝绸礼服给弄坏了，再也没人在朝堂上东倒西歪了。

刘邦见兄弟们注重仪表了，很是满意，又让叔孙通从山东招了一百多名儒生，给这些人培训朝堂礼仪，让他们明白上下尊卑的区别。

后来，这些武夫都懂了规矩，见了刘邦就不那么随便了，正式场合很给刘邦面子，对他三拜九叩，刘邦这皇帝才做得越来越有滋味了。

唉，看朝堂下这群东倒西
歪的哥们，朕哪像个皇帝呀！

哈哈，穿上丝绸礼服，
弟兄们果然都规矩了。

霓裳羽衣杨贵妃

唐朝是一个歌舞升平的朝代，歌舞之盛，没有另一个朝代可以与之相比。那个时代最有名的歌舞，叫《霓裳羽衣舞》，是唐代歌舞集大成之作。

相传，《霓裳羽衣舞》由唐明皇作曲，他的宠妃杨玉环编舞，并亲自带领宫女排练，最后由她亲自领舞。此舞初成，天下为之惊叹，连白居易也写诗称赞："千歌万舞不可数，就中最爱霓裳舞"。这舞表现的是道家神仙故事，有着神幻莫测的境界，能够生动鲜明地表现这个境界的，除了丰富的音乐和舞蹈动作，舞蹈者的服装霓裳羽衣，也在其中起着非常重要的作用。

霓裳，就是彩霞般的衣裳；羽衣，就是像孔雀羽一般鲜丽漂亮的服装。能做成这种服装的，只能是丝绸，唐人在制作丝绸服饰上鬼斧神工的技艺，至今仍让人赞叹。

李白有一首赞美杨贵妃诗的写道：云想衣裳花想容，春风拂槛露华浓，若非群玉山头见，会向瑶台月下逢。此诗开篇赞美的是杨贵妃云霞一般漂亮的丝绸衣裳，然后才是花一样美丽的容貌。可见，美仑美奂的丝绸与风华绝代的杨贵妃，相互映衬，让诗仙李白惊为天人。

爱妃穿上这身霓裳羽衣，真是美若天仙啊！

白居易诗写杭州丝绸

白居易是中国历史上非常有名的大诗人，他当杭州刺史时，杭州丝绸产业非常发达，他这个时期的诗歌创作，有很多丝绸方面的内容，还有专门写丝绸的诗，最为有名的有三首，分别是《红线毯》、《缭绫》和《重赋》。

在《红线毯》中，白居易描述了丝毯的奢华美妙，“披香殿广十丈余，红线织成可殿铺。彩丝茸茸香拂拂，线软花虚不胜物。美人踏上歌舞来，罗袜绣鞋随步没”，由此可见当时丝织技艺的发达，蚕丝能织成那么厚重且广大的地毯，需要“百夫同担进宫中”，因为“线厚丝多卷不得”。而《缭绫》说的是当时越州（今绍兴一带）出产的一种精妙的丝绸，让人叹为观止，只能用“巧夺天工”来形容。《重赋》则是忧“双税法”下丝民之苦。

另外在《杭州春望》这首诗中，白居易最让人夸道的两句“红袖织绫夸柿蒂，青旗沽酒趁梨花”，第一句说的便是杭州的织绸女，柿蒂花是绫中最好的品种，由杭州出产，风行天下。

附：

缭 绫

白居易

缭绫缭绫何所似?不似罗绡与纨绮;
应似天台山上明月前，四十五尺瀑布泉。
中有文章又奇绝,地铺白烟花簇雪。
织者何人衣者谁?越溪寒女汉宫姬。
去年中使宣口敕,天上取样人间织。

织为云外秋雁行，染作江南春水色。
广裁衫袖长制裙，金斗熨波刀剪纹。
异彩奇文相隐映，转侧看花花不定。
昭阳舞人恩正深，春衣一对直千金。
汗沾粉污不再着，曳土踏泥无惜心。
缭绫织成费功绩，莫比寻常缯与帛。
丝细缫多女手疼，扎扎千声不盈尺。
昭阳殿里歌舞人，若见织时应也惜。

130

乾隆独住杭织府

历朝历代的帝王，没有不重视丝绸的。

清朝时，朝廷在北京外，又在江宁、苏州、杭州三地专设织造府，专营御用锦锻和官用丝绸。这三家织造府，当时都是大名鼎鼎，天下皆知。

杭州织造府又名红门局。这红门局在明朝中期就开始由朝廷设立，是成立最早的地方织造府，就因为它的大门刷着红漆，“红门局”这名字因此流传，以至很多人只知道杭州有红门局，而不知红门局就是杭州织造府。

红门局门面虽不算大，但当家人的面子比闽浙总督都大，其运营经费直接由工部和户部划拨。地方上的气候、年景、人事及一应事务，当家人可以用密折直接向皇帝报告。地方上的文化名流，也以结识、进出红门局为荣，是文人雅客最高级的聚会场所。

清朝皇帝十分器重红门局。康熙和乾隆都曾六下江南，并且六次都住在红门局！乾隆每次下江南来杭州，住进红门局后，都让红门局继续生产。还时不时到工所去走走看看，供应、倭缎和诰帛三大机房，他一一去过，染色、刷纱经、摇纺、牵经、打线和织挽各类工匠，他一一认识。他最喜欢的杭州丝绸产品是杭紬，每次回去都带走不少，以致红门局逢迎圣意，大量生产，结果使杭紬在北京内务府大量积压。

杭州織造府
哇，万岁爷亲临指导织造工事！

道光皇帝补龙袍

道光皇帝登基后，一心效仿圣贤，奉行节俭，他穿的衣服，破损后不是重新缝制新的，而是修修补补再穿，即使是最重要的龙袍，上面也有很多补丁。大臣们无奈，上朝时也只好跟着穿有补丁的衣服。

有一次，道光皇帝的龙袍不小心给刮破一个洞，他下令内务府补好。当时内务府管事的官员名郭亮，领了指令，命手下孙革去办，孙革找到京城一家著名的绣坊，这家绣坊老板看了破洞，说连工带料加各种费用，大概要五十两银子。

郭亮与孙革上下其手，到最后修补费用变成了两万五千两白银。道光皇帝不经意看到了这份账单，顿时吓了一跳，说：“朕新做一件龙袍不过六千两银子，怎么补一件要这么多？”

郭亮回答说：“陛下有所不知，这龙袍用的是上好的湖绸，足足剪了几百匹湖绸，才对上龙袍上的花纹。要是在民间，补一个洞有个五百两银子也就够了。”

道光听了恍然大悟，连连点头，说：“贵是贵了点，但为了让天下倡行节俭，这点代价，值！”

从这个故事可以看出，当时清朝的腐败已到无以复加的程度。政府腐败了，丝绸也跟着走了下坡路。

25000.-
哎呀，龙袍又破了！

扇业祖师齐纨的丝绸缘

自古以来，各行各业都有自己的祖师爷，扇子是杭州非常著名的特产，自宋代以来，便闻名天下，自然也有个祖师爷，扇业的祖师爷叫齐纨，杭州扇业行会还在清河坊兴忠巷立了座扇业祖师殿，里面供奉的便是齐纨。

但历史上并无齐纨这个人。后来专家考证，很可能是周代的细绢“齐纨”与扇子的紧密关系，而在漫长的光阴里被附会成一个人物，从而被扇业奉为祖师。

齐纨，即齐国出产的白细绢。汉代班婕妤有诗云：“新裂齐纨素，皎洁如霜雪”。诗圣杜甫在《忆昔》诗中吟道：“齐纨鲁缟车班班，男耕女桑不相失。”鲁缟，是紧邻齐国的鲁国出产的一种白色生绢。

后世把用细绢做成的团扇称为纨扇，也有直接把团扇称作齐纨的。这种扇在汉代便开始流行，除了纳凉功能，多为仕女手中的饰物。齐纨便是制扇的主要材料。

这种由事物演变为人，进而成神的例子，并非只有齐纨。比如现在妇孺尽知的捉鬼英雄钟馗，历史上也无其人，他源于古代一种驱鬼的棒槌终葵，久而久之，历来用来打击妖魔鬼怪的终葵，最终成为终南进士，并由于唐明皇的一个梦，又衍生出一个个捉拿鬼怪的神奇传说，最后被画成画像，世世代代广为流传。

我就是齐纨，
齐纨就是我。

这也叫齐纨哦

林启开设蚕学馆

杭州历史上，除了出文化名人，还出好市长。林启便是其中的一个，他为杭州做了很多实事，好事。

林启生于清道光十九年（公元1839年），字迪臣，福建侯官人。他是清同治甲子的举人，于清光绪丙子二年中进士，担任过编修，陕西学政，后又任浙江道监察御史。提出过“简文法以核实政、汰冗员以清仕途、崇风尚以挽士风、开利源以培民命”的政主张。

清朝末期，一直在国际市场占据领先地位的中国生丝日渐衰微，渐渐被日本生丝赶超。究其缘由，除了人造丝（一种用植物纤维制作的丝，性状与蚕丝接近）的冲击外，也与中国蚕种的褪化，蚕虫瘟病流行有关。

光绪二十三年（1897年），林启争取到36000两纹银的经费，在杭州西湖金沙港关帝庙和怡贤王祠附近（现曲院风荷公园内）创办蚕学馆，当年九月开工修建，次年三月十一日开学，这也是我国最早的蚕桑学校。办蚕校培养人才，显示了林启的远见。尤其难得的是，他请日本人出任学校的教习。虽然日本蚕桑丝绸整个产业链条都是从中国学过去的，是我们的学生，但学生超过了老师，老师再反过来向学生学习，这需要气度。

蚕学馆的创办不仅为中国的蚕桑业培养了大量人才。还在研制优良蚕种、推广科学养蚕技术、传授新法缫丝、编译出版介绍蚕丝科技知识的书籍等方面，做了大量工作，学生学成即分带仪器，派往各县并嘉湖各府，劝立养蚕公会，推广桑蚕养殖新技术。

宣统元年（1909），朝廷谕旨，将蚕学馆改建为浙江高等蚕桑学堂，是中国最早开办的大学之一。

蚕学馆

杭州蚕学馆的学员们又来教
我们种桑养蚕的技术啦!

皓纱发明奇才蒋昆丑

自唐代以来，杭州就以丝绸之府名闻天下，在近千年的历史中，出产过各式各样的丝绸精品。

南宋时期，杭州又出现一种叫“皓纱”的丝绸精品，天下闻名。

说起“皓纱”，得先从织绸大师蒋昆丑说起，他住在杭州江山弄，凭着一张祖传织机，能织出各种漂亮的绫罗绸缎，远近闻名，只要是江山弄织的绸，市场上就特别好销。一些机坊主见了，也把织造机坊开到江山弄来了，一时间，江山弄前前后后开出很多机坊。这些机坊主资金雄厚，善于经营，很快把蒋昆丑的生意抢了过去。蒋昆丑空有一身本事，日子却越来越难过，心里很不是滋味，就决定在织物上搞点创新，他苦苦思索，还跑遍了杭州城大大小小的绸庄，却没有看到一点新花样。

一天午后，蒋昆丑正在家里午休，窗外蝉声“知了知了”叫个不停，让他更加心烦意乱，随手拿起桌台的砚台，朝趴在窗外树上的蝉砸去，那只蝉受了惊吓，飞了起来。只见它张开的蝉翼轻薄透明，阳光从翼面上丝丝透射出来，既神奇又美丽，蒋昆丑见了大喜，终于有了灵感。他决定织出像蝉翼一样轻薄的丝绸，他日也思，夜也想，织了拆，拆了织，终于织出一种轻如蝉翼的白绸。

这种绸，官府叫“皓纱”，老百姓则叫它“蝉翼纱”。一经面市，便供不应求，官府也买去当了贡品，还远销日本、朝鲜、印度。

接着，蒋昆丑扩大机坊，招了一百多名织工，大量生产皓纱，成了杭州织造户中的首富。

知了知了。。。
皓纱又名蝉翼纱，
果然薄如蝉翼也！

杨乃武的蚕桑情仇

杨乃武与小白菜的冤案，位列清朝四大冤案之首。他们的冤情尽人皆知，但这个案子中还有个疑问，那就是，为什么杨乃武会平白无故受冤，案子从一开始，县官就不肯放过他？

在余杭民间，这件事还真有个说法。

原来，杨乃武和陈竹山两家在当时都是余杭的大户人家，都以蚕桑为主业，余杭全县的蚕农，都要买陈杨两家的蚕种。两家暗中一直较着劲儿，但一直势均力敌，平分秋色。后来杨乃武从外地引进能抵抗蚕瘟的新蚕种，蚕农们就纷纷购买杨家蚕种，冷落了陈家，这让陈竹山怀恨在心。他趁着小白菜的丈夫葛品连突然死亡的机会，先是撺掇葛母到县衙报案，接着又在年老昏聩的余杭县官刘锡彤去现场办案之前，凭着与刘锡彤的良好关系，拦住刘锡彤，诬陷杨乃武与小白菜有奸情，让刘锡彤先入为主，在脑子里定下奸情杀人的判断，几乎置杨乃武于死地。

史料记载，杨乃武出狱后，醉心于蚕种改良，开发出了“凤参牡丹杨乃武记”的优良蚕种，驰名杭嘉湖，为江浙地区的丝绸产业做出了贡献。

杨乃武因蚕种之争遭人陷害，昭雪平反后仍能专注于蚕种改良，开发出优良蚕种，造福蚕农，是一位可敬可佩的丝绸人。

公堂
冤枉啊…
冤枉啊…

我家的蚕种
就是比你的好

慎微之发掘钱山漾

1934年，太湖流域遭受百年未遇之大旱，很多河流湖泊干涸见底，位于湖州城南7公里外的钱山漾，全湖三分之二面积干涸，一位叫慎微之的学者，趁此机会，天天在钱山漾干涸地带搜寻，在这里拾得大量石器，经研究，他断定钱山漾是一处大面积的古人类遗址，四周必有大量古物蕴藏。后来他到美国留学，回国后任浙江大学教授。解放后成了改造对象，下放到湖州一所初中教书，后被借调到文化部门搞田野考古。

慎微之先生回到钱山漾，简直如鱼得水。他对自己的种种不公待遇根本不当回事，天天打着赤脚，拎着竹篮，到钱山漾找石器，找到好的石器就上交。他上交的石器反映的文化信息越来越重要，1956年，浙江省文管会在钱山漾东岸的百念亩村进行了首次考古发掘，1958年春又再次进行发掘，发掘出大量文物，仅丝织品就有绢片、丝带和丝线，绢片的纺织密度与现代生产的电力纺密度相近，很可能是用织机生产出来的。经测定，这些丝织品据今有4700多年，早于嫘祖(约公元前2550年)缫丝养蚕的传说近200年。

这是一个震惊世界的发现，它改写了中国丝绸的历史。而推动这一发现的慎微之学者，生前没有什么财产，没有亲人，也没有等身的著作，连一张照片也没留下，只留下十几本用学生作业簿拼合成的田野考古笔记。可以说，他的一生献给了钱山漾，为发掘中国丝绸文化作出了重大贡献。

在他身后，考古界一直没有停止对远古丝绸的探究，1984年，河南郑州考古研究所在荥阳县青台村仰韶文化遗址发掘出5600多年前的罗织物，将中华先民生产丝绸的历史又向前推了近千年。

咦？远古丝帛！

144

胡雪岩孤掷一注为丝绸

红顶商人胡雪岩是清朝末期的中国首富，他除了在杭州开胡庆余堂国药店，还在全国各地开了几十家钱庄、银号和当铺，兼做生丝、茶叶等生意，人称“活财神”。

19世纪80年代，江浙两省是中国蚕丝的主产区，60%的蚕丝出口国外，“湖丝”是欧洲市场最著名的品牌。但中国生丝出口却被上海的外国洋行所把持，生丝从质量检验到定价，决定权全由外国洋行说了算，中国蚕农惨遭盘剥，外国洋行买办却能攫取暴利。

1882年，手握1000万两白银的胡雪岩决定改变这种现状，5月，胡雪岩购进8000包生丝，至10月，已累计购进14000包生丝，外商却一斤生丝也没买到。接着，胡雪岩邀请中国同行共同收购生丝，不要让外商买到，迫使外商提高生丝价格。他自己先后投入1500万两白银，坚持囤积生丝。

胡雪岩取得初步战果，但洋行勾结中国奸商，先让这些奸商买进生丝，再转手卖给胡雪岩，却不买胡雪岩的生丝，让胡雪岩库存日多，然后放出谣言，说胡雪岩囤积生丝大赔血本，托人到胡雪岩在上海和杭州的钱庄提款挤兑，引发恐慌性的大范围挤兑风潮，胡雪岩只好把地契和房产押出去，同时廉价卖掉积存的蚕丝，财富大厦在短时间内轰然倒塌。

江南的生丝控制权又重回外国洋行的手中，一代红顶商人经此一战，悲壮地退出了历史舞台。

红顶商人胡雪岩的悲剧，也是当时中国丝绸的悲剧。

一代富豪胡雪岩
想我胡雪岩竟然败在这丝绸之战上！

为丝绸而生—都锦生

杭州丝绸在走过近千年的辉煌历程后，在清末民初陷入了衰败。这时，一位丝绸奇人出现了，让杭州丝绸重新振作起来。

这位丝绸奇人名叫都锦生，于1919年毕业于浙江省甲种工业学校机织专业，留校任教。1921年，他亲手织出第一幅丝织风景画《九溪十八涧》。次年，他购置一台手拉机，雇工人一名，和妻子一起在茅家埠创办都锦生丝织厂。他首创丝织风景、人物图像、美术图案等织绵产品，花色多样，层次分明，美观耐看。1926年，在美国费城国际博览会上,都锦生出品的《宫妃夜游图》等丝绸风景毯、五彩画壁挂获得金质奖章，一时蜚声中外，远销南洋和欧美等地。

1937年7月，日本发动全面侵华战争，8月，日机轰炸杭州，都锦生丝织厂被迫停工，将十二台手拉机转移到上海法租界，维持小规模生产。同年12月，日寇侵占杭州，都锦生离家避祸，带领全家避居上海，并在上海建造厂房，扩大生产。1939年，都锦生丝织厂在杭州艮山门外的主要厂房及机械，全部被日本侵略者烧毁。

1941年，日军占领上海租界，都锦生丝织厂被迫倒闭，重庆、广州等地的门市部也被日机炸毁，1943年，悲愤交加的都锦生突患脑溢血，于5月26日病逝于上海，年仅45岁。

作为杭州丝绸人，都锦生不仅提升了杭州丝绸的品位，也为衰弱已久的中国丝绸赢得了名声。虽然都锦生丝织厂只存活了20年，但这个注定为丝绸而生的人，将一直留在中国丝绸人的记忆里。

九溪十八涧

都锦生丝织厂

宋美龄爱绸如命

宋美龄是中华民国第一夫人，她的智慧和优雅让很多美国人为之折服，关于她的故事有很多，她和丝绸的故事，至今也为人津津乐道。

1943年，宋美龄到美国访问，受到了美国政府超高规格的接待，破例邀请她入住白宫。但当天晚上到达白宫后，却发生了一件不愉快的事：她要求白宫将她卧室的所有床单、被套、枕套等寝具全部撤掉！白宫接待人员听了很不愉快，心想美国泱泱大国，白宫的物品怎么能任由别人挑三拣四？

场面一下僵了，中方陪同人员见状，把美方接待拉到一边，说："其实就是把这些寝具撤下来，用我们自备的。"随即，中方拿出一件件精美的丝质床单、被套、枕套和枕芯。美方接待人员这才发现，宋美龄身上穿的所有衣物，没有一件不是丝绸，不论是外出应酬的礼服还是室内穿的睡衣睡袍。美龄冲美方接待人员优雅一笑，称自己"爱绸如命！"宋美龄"爱绸如命"的典故，就因此传开了。

丝绸陪伴宋美龄一生，她一直活到106岁。专家推测可能与她从里到外一直穿着使用丝绸有关。因为丝绸是一种动物纤维，其中富含的氨基酸对人体有很好的保健功能。

不是丝绸的，全部换掉！

我就是爱绸如命也。

小平卖丝为革命

历史上，四川的蚕桑业曾领先全国，直到宋元以后才被江浙超越，但养蚕织绸的产业一直十分发达。

位于四川广安的邓小平故居，有一座蚕房院子，被列为全国重点文物保护单位。

这个蚕房院子距邓小平故居约二百米远近，是个独立院落，约800平方米面积，建于清朝末年，院子房前屋后栽着桑树，正房住人，厢房养蚕，后房煮茧缫丝，是川东养蚕作坊最有代表性的民居建筑。辛亥革命后，邓小平的父亲邓绍昌与其族弟邓俊德等人以蚕房院子为基地兴办缫丝厂，取名为“信誉丝厂”。养蚕时节，蚕房院子楼上楼下，十分繁忙，童年邓小平也经常来这里摘桑叶喂小蚕，里里外外忙个不停。

后来邓小平去法国留学，走上了革命道路，归国后在上海从事地下工作，任中共中央秘书长。20世纪20年代末期，邓小平偶遇来上海卖蚕丝的邓俊德一行，当时中央经费十分紧张，邓小平就将邓俊德卖丝的500大洋借去作了党的活动经费，为中国革命作出了贡献。

事实上，不仅是邓小平，几代党和国家领导人都非常重视丝绸工业，毛泽东主席提出农业“粮棉油麻丝茶糖菜烟果药杂”十二字方针，把丝绸放在很重要的位置，江泽民、胡锦涛等党和国家领导同志都非常重视丝绸工业，有力促进了我国丝绸工业的发展。

邓小平故居

小平我小时候爱养蚕宝宝哦!

万事利十张织机写传奇

1975年的春天，一位名叫沈爱琴的女子，她用水泥预制板从一家国营织布厂换来十张淘汰下来的铁木织机，召集22个农民洗脚上田，创办起了笕桥绸厂。

当时的笕桥绸厂在国家计划以外，生产没有原料，产品也不允许在商场销售。在这种几乎不能生存的环境中，创始人沈爱琴请来国营大厂退休的老师傅，利用国营大厂弃置的下脚料作为原料，生产出的产品，以赶集镇和走村串巷的原始方式销售，终于闯出了生存空间。.并在竞争激烈的商海中，闯出了自己的蓝海，不断做大做强，成为中国丝绸行业的一个传奇，并有了一个响当当的新名字，叫万事利集团。

时光荏苒，伴随着21世纪的曙光，万事利集团有了一位续写传奇的新掌门，她叫屠红燕。她是沈爱琴的女儿，但她却将自己定位为一个“创二代”。于是她不辞辛苦，跑到日本的服装企业里，做车间的车衣女工，只为熟悉纺织业的全过程。到了万事利后，也是从最基层的业务员做起，再到车间、设计，直至真正地接管企业。

她懂得丝绸工艺的传承延伸，亦深谙提升发展的品牌之路。于是在奥运会、世博会、亚运会，这些中国最顶级盛会上，万事利丝绸成为了最绚烂的一道风景。被媒体和公众评为“世界顶级盛会上的万事利现象”，奠定了万事利“中国丝绸第一品牌”不可动摇的地位。

这是一个在当代由两位丝绸奇女子共同写就的传奇，它诞生在改革开放波澜壮阔的时代里，辉煌在21世纪日新月异的步伐中。这个传奇必将更精彩的写下去……

笕桥绸厂

图书在版编目（CIP）数据
柔软的力量/ 李建华著. — 上海：上海文化出版社, 2012.6
ISBN 978-7-80740-906-9
Ⅰ.①柔… Ⅱ.①李… Ⅲ.①丝绸－文化史－中国Ⅳ.①TS14-092
中国版本图书馆CIP数据核字(2012)第131952号

主编
李建华

副主编
余志伟

责任编辑
吴志刚

书名
柔软的力量·话说丝绸

出版发行
上海文化出版社
地址：上海市绍兴路74号
网址：www.shwenyi.com
邮编：200020

印刷
杭州武林印刷有限公司
开本
787×1092 1/16
印张
10.125
版次
2012年6月第1版　2012年6月第1次印刷

国际书号
ISBN 978-7-80740-906-9/K·313

定价
60.00元（总定价：128元）

告读者本书如有质量问题请联系印刷厂质量科
T：0571-87065434